日本一わかりやすい

ABC予想

小山 信也 /著

長原佑愛 /挿絵

箱﨑沙也加 /構成協力

ビジネス教育出版社

目　次

~登場人物紹介~

佑くん

数学がちょっぴり苦手な
高校生の男の子。
何事にも興味津々で、嫌いな
数学にも割と積極的!?

同級生

沙耶ちゃん

数学が得意な
高校生の女の子。
佑くんによく勉強を
教えている。
難しい問題ほど燃える
タイプ!

知り合い

Zeta先生
（ゼータ）

数学雑誌「月刊Zeta」
（ゼータ）
の編集長。
難しい数学の質問にも
分かりやすく答えてくれる。

まえがき

　数学の難問「ABC 予想」は，2012 年に京都大学の望月新一教授によって
ウェブサイト上で解決が宣言され，その論文は 8 年あまりの査読期間を経て
2021 年 4 月に学術誌に掲載されました．

　この間，私のもとに多くの新聞社・出版社・テレビ局から問い合わせがあ
りました．取材陣に共通していた認識は「内容はわからないが，何やらすごい
いらしい」ということでした．「数学的な中身は別にして，これがどれだけす
ごいことなのか教えてほしい」「そのすごさを何かに例えて説明してもらえな
いか」———私はそうした要請に応えながら，「ABC 予想」を説明すること
は，あたかも，「走ること」を知らない宇宙人に「100 メートルを 9 秒台で走
ることのすごさ」を伝えるようなものであると感じました．

　知らない競技の業績のすごさを，どうすれば伝えられるでしょうか．走法
の技術を説明しても意味がありません．地球上に陸上競技というものがあり，
100 メートル走は注目の的であること．まずそこから話す必要があるでしょ
う．いや，むしろその前提となる，走ることが人にとって自然な行為である
こと，地球の子供たちが駆けっこをして遊ぶこと，走る行為が爽快であるこ
と，速く走ることに対して人類が抱いてきた憧れ，それらにさかのぼった説
明をすべきでしょう．

　突き詰めれば，記録に価値がある理由は，それが人間にとって根源的な欲
求であるからです．数学の定理も同じです．本書は「ABC 予想」に対し，そ
うした観点から解説を試みたものです．速く走る理由は，追ってくる猛獣か
ら逃げるためでも迅速に移動するためでもありません．ABC 予想も同様で，
実用的な目的のためではなく，その解決が人類にとって根源的な欲求である
からこそ価値があるのです．数学者が心に抱いてきた「ABC 予想」の意義を
共有して頂くために，本書を執筆しました．一人でも多くの方々に多少なり
とも「ABC 予想」の真価をわかって頂くことができれば，嬉しく思います．

2021 年 6 月　　著者

第 1 話

夏休みの宿題

沙耶 Ζeta〔ゼータ〕先生，こんにちは！

Zeta〔ゼータ〕 やあ，沙耶ちゃん，いらっしゃい．

沙耶 今日は，一つ相談があって来ました．こちらはお友達の佑くんです．

佑 はじめまして．佑です．

Zeta ようこそ，Ζeta〔ゼータ〕編集部へ．出版社に来るのは初めてかな？

佑 はい．沙耶ちゃんの付き添いで来ました．

Zeta ここでは，「月刊 Ζeta〔ゼータ〕」という数学の雑誌を作っているんだよ．

沙耶 先生は，「月刊 Ζeta〔ゼータ〕」の編集長で，数学に詳しいのよ．

佑 すごいですね．

沙耶 どんな数学の質問にも答えてくれるので，「Ζeta〔ゼータ〕先生」と呼ばれているの．

佑 雑誌名の Ζeta〔ゼータ〕は，どういう意味ですか？

Zeta 「Ζeta 関数」から来ているんだ．

佑 関数の一種ですか？

Zeta もともとは関数なんだけど，「関数の概念を超えたもの」と見られることもあるよ．

佑 難しそうですが，不思議なものなんですね．

沙耶 そのお話も，今度，伺いたいです．

Zeta ところで，今日の相談は，何かな？

沙耶 夏休みの宿題の，自由研究の課題についてです．

Zeta 面白そうだね．どんな課題だろう？

沙耶 過去数年間で，全国紙の朝刊に掲載された，一面トップの記事から一つを選んで，内容を理解して，クラスで発表するんです．

Zeta なるほど．新聞の一面トップといえば，政治や経済が多いよね．

佑 あとは，事件や裁判の記事も多いです．

沙耶 でも，そういう話題はありきたりで，あまり興味が持てない気がして．

Zeta それで，沙耶ちゃんたちは，どんな記事を選んだのかな？

佑 沙耶ちゃんが好きな科目なので，数学の記事を検索してみました．

沙耶 そうしたら，

　　　　　　「数学の超難問　ABC 予想『証明』」

　　　という記事を見つけたんです．

佑 朝日新聞の，2017 年 12 月 16 日付け朝刊の，一面トップです．

Zeta なるほど．確かに，「ABC 予想」は，数学の有名な問題だね．

沙耶 それで，この「ABC 予想」を取り上げてみたいと思い，佑くんに話したら賛成してくれたので．

佑 僕は，数学はあまり得意じゃないんですけど，沙耶ちゃんに頼れそうなので，賛成しました．

沙耶 ただ，記事を読んでみたんですけど，よくわからないんです．

佑 記事には，「長年にわたって世界中の研究者を悩ませてきた数学の超難問」とありますが，問題の意味さえわからないので．

Zeta ハハハ．無理もないよ．ABC 予想は，専門家にとっても難しいからね．

沙耶 記事には，こう書かれています．

> **─ ABC 予想 ─**
>
> 1 以外に同じ約数を持たない正の整数 a, b で $a + b = c$ の時，
>
> $$c < K \cdot \{\mathrm{rad}(abc)\}^{1+\varepsilon}$$
>
> が成立する．ただし，$\varepsilon > 0$, $K \geqq 1$（K は ε によって決まる定数）

佑 この $c < K \cdot \{\mathrm{rad}(abc)\}^{1+\varepsilon}$ は，不等式ですか．

Zeta そうだね．a, b, c は正の整数，K と ε は正の数で，「左辺が右辺よりも小さい」ことを表す式だね．

2

佑　いろいろな数を当てはめて，どういうときにこの不等式が成り立つかを検証している動画はいくつか見つかりましたが．

沙耶　この式の意味を，ネットでいろいろ調べてみたんですけど，よくわかりませんでした．

Zeta　確かに，そういう解説が世間に多く出回っているね．

沙耶　宿題は，その記事の内容を理解するだけではダメなんです．

佑　それがなぜ一面トップに載ったのか，その理由も説明する必要があります．

沙耶　右辺と左辺のどちらが大きいかは，数字を代入してみれば確かにわかるんですが・・・

佑　なぜそれが大切なのか，その理由が実感できません．

沙耶　記事には，「整数論の様々な問題の根幹に関わる重要な予想」と書いてありますけど，どうしてそれほど重要なのでしょう．

Zeta　2 人が言ってくれた疑問は，とても大事な視点なんだよ．

佑　ありがとうございます．不等式が成り立っただけでは，何も嬉しくありませんからね．

Zeta　数学では，「なぜその命題が大事なのか」を考えることが，とても重要なんだ．

沙耶　世の中に役立つとか，困っている人を救えるとかなら，重要だといわれて納得しますけど．

佑　ABC 予想は，社会への応用があるんですか？

Zeta　あるともいえるし，無いともいえるね．これについては，あとでゆっくり説明しよう．

沙耶　よろしくお願いします．

佑　それと，記事の見出しの「論文掲載へ」が何を意味するのかも知りたいです．

沙耶　実は，その後も検索したら，ABC 予想はこの一日だけでなく，何度も新聞に掲載されていることがわかりました．

佑　2020 年 4 月 4 日付けの朝日新聞朝刊の一面トップも，
　　　　「数学の超難問 ABC 予想，京大教授が証明　検証に 7 年半」
　　　という記事です．

2017年（平成29年）

12月16日

土曜日

朝日新聞東京本社
〒104-8011 東京都中央区築地5-3-2 電話03-3545-0131（代表）
本日の編集長＝山之上接子

数学の超難問 ABC予想「証明」

京大・望月教授 論文掲載へ

10年かけ新理論

 ABC予想　1985年に提示された整数論の未解決問題

$$c < K \cdot \{rad(abc)\}^{1+\varepsilon}$$

が成立する

ただし、ε>0、K≥1
（Kはεによって決まる定数）

rad(abc)とは… a、b、cそれぞれの数の素因数をかけ合わせたもの

簡単な例（ε＝1、K＝1）では、

$$c < \{rad(abc)\}^2$$ が常に成立する、という予想

例えば、a＝1、b＝8、c＝9の時、
rad(abc)＝rad(1・8・9)＝rad(1・2³・3²)＝2・3＝6
右辺＝6²＝36
左辺＝9 ＜ 右辺＝36　となり成り立つ

これが全てのa、b、cで成り立つのか？　証明は非常に難しい

長年にわたって世界中の研究者を悩ませてきた数学の超難問「ABC予想」を証明したとする論文が、国際的な数学の専門誌に掲載されることになった。執筆者は、京都大数理解析研究所の望月新一教授（48）。今世紀の数学史上、最大級の業績とされ、論文が掲載されることで、その内容の正しさが正式に認められることになる。

▼34面＝世界が注目

望月さんがホームページ上に公表した論文

望月さんは2012年8月、論文を自身のホームページに公開。数理研が発行する数学誌「PRIMS」に4編からなる論文を掲載予定で、独の国際数学誌と評価されている。1月にも掲載される見通しで、早ければ来年1月にも掲載される。ABC予想は、外部の複数の数学者に原稿を依頼し、間違いがないか調べる「査読」を経て、同誌に研究者の関門をくぐり抜けた。数学のノーベル賞といわれる「フィールズ賞」が与えられた過去の業績に匹敵するとの声も。

ABC予想は、整数論の性質を研究する「整数論」の

ABC予想

1985年に、D・マッサー、J・オステルレにより提示された整数論の未解決問題。整数a、bの和である「c」と、それぞれの素因数の積との間に三つの数a、b、cの関係を示している。積と和の関係は未解明の部分が多く、解明を「一回触れると壊れるような難問」と、整数論の最重要の予想と位置づけられている。

難問で、85年に提示された。整数aと整数bの和が整数cになるとき、それぞれの約数との関係を示している。

望月さんは、32歳で京大教授に就任し、代数や幾何を融合した新理論「宇宙際タイヒミュラー理論」を10年がかりで構築し、ABC予想の証明に挑んだ。できあがった論文は約600ページになった。

約500ページ以上の難解な論文で、「未来から来た論文」と評された。発表当初は数人程度だった理解者も、徐々に増えていった。海外でも数十人規模に増えていった。検証に携わる研究者からの指摘などを踏まえて論文を修正した。

論文の証明に挑んだが、手法は最新で画期的で、他の数学者にとって強力な道具となる。「ABC予想の証明が論理的でない」との他の難問にも役立てられそうで、解決に役立ちそうだと期待される。

（石倉徹也）

沙耶　2020 年 11 月 18 日にも,「『ABC 予想』論文, 来年掲載へ」という記事が載っています.

佑　それ以外にも, いろいろな新聞や雑誌で, 何度も「ABC 予想」が取り上げられていることがわかりました.

沙耶　先生, よい発表ができるように,「ABC 予想」について教えてください.

Zeta　わかった.「数学の問題と予想」, そして「論文掲載」の意味するところから, ABC 予想の内容まで, すべてを一から解説してあげよう.

佑　本当ですか. ありがとうございます.

沙耶　よろしくお願いします.

第2話

「予想」って何？

沙耶 数学のニュースが全国紙の一面トップに出るのは，珍しいですよね．

佑 数学の問題なんて，僕たちの生活と関係ない気もしますが．

Zeta その通り．実社会への応用が目的ではないね．

沙耶 では，どうして載ったのですか？

Zeta 二人は，「数学の問題」というと，何を想像するかな？

佑 僕は，学校の宿題を思い浮かべます．いつも解けなくて困っているから．

沙耶 私は，試験問題です．勉強したのに本番で解けなくて悔しい思いをしたことがあって．

Zeta そういう問題には必ず正解があって，本の巻末に載っていたり，先生が知っていたりするよね．

佑 もちろん，正解がなかったら，答え合わせができませんからね．

沙耶 試験の採点もできないですし．

Zeta 学校の数学では，あらかじめ正解が準備されている問題を解くけど，それは数学という学問のごく一部なんだよ．

佑 ほかにどんな数学があるんですか？

Zeta 数学で最も重要なことは，**定理を発見して証明する**ことなんだ．たとえば，中学校で「三平方の定理」を習うよね．

沙耶 「直角三角形の斜辺の2乗は，他の2辺の2乗の和に等しい」という定理ですね．

Zeta 定理を習ったら，宿題や試験で，

> 「斜辺が5 cm，他の一辺が3 cmの直角三角形の，残りの
> 一辺の長さを求めよ」

みたいな問題が出るよね．

佑　はい．定理に問題文の数値を代入すれば解けます．

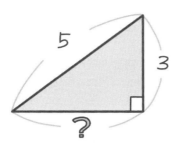

沙耶　求める辺の長さを x cm とすると，

$$x^2 + 3^2 = 5^2$$

より，このように求まります．

$$x = \sqrt{5^2 - 3^2} = 4$$

Zeta　初心者向けの練習問題はこれでいいんだけど，より広い一般の数学の立場で見ると，違うんだ．

佑　そうなんですか？

沙耶　数字を代入して計算するだけじゃないんですね．

Zeta　そういうことは，人間の営みである学問としての数学らしくない．

佑　たしかに，それだけならパソコンに数式を指定しておけば，数値を入力するだけで計算してくれますからね．

Zeta　もちろん，計算も重要だけど，もし数学がそれだけなら，人間は，パソコンや AI に簡単に負けてしまう．

沙耶　では，学問の数学は，どういうことですか．

Zeta　三平方の定理を発見したところが一番重要だね．

佑　「発見」ですか．「発明」でなく？

Zeta　「発見」と呼ぶことが多いね．定理は，揺るがない真実だからだろうね．

沙耶 たとえ発見されなくても，定理が述べる真実は，もともと存在しているわけですね．

Zeta そしてその発見は，単に「見つける」だけでなく，論理的に「証明する」ことが必要だ．

沙耶 学校の試験でも証明問題が出ることもありますから，意味はわかります．

Zeta 証明された事実を**定理**という．そして，証明される前の命題を**予想**というんだ．

佑 試験に出る証明問題には正解があって，先生は証明を知っていますよね．

沙耶 でも，まだ世界中の誰にも証明できていない命題もあるのですね．

Zeta そうだよ．証明できていない命題は，証明されて初めて「定理」と呼ばれ，その前は「予想」というんだ．

佑 「ABC 予想」が「予想」であることの意味がわかりました．

沙耶 予想が正しいかどうかは，証明されるまでは未確定なんですね．

佑 そうすると，予想が間違っている可能性もあるわけか．

Zeta 理論的にはそうなるね．ただ，数学の予想は，「ほとんど確からしい事実」を指す場合が多い．

沙耶 日常生活で用いる「予想」という言葉とは，違うんですね．

佑 普通の予想は，当たることもあれば外れることもありますからね．

沙耶 それにしても，証明されていないのに，「確からしい」とわかるんですか？

Zeta いろいろな状況証拠から，予想の正しさを確信できることがあるね．

佑 状況証拠とは，どんなことですか？

沙耶 実例を使って予想が正しいことを検証してみるとか？

佑 そっか．三平方の定理なら，辺の長さを実際に測ってみれば，成り立つかどうかわかりますね．

沙耶 直角三角形をたくさん描いて，辺の長さを測り，どの三角形にも同じ式が成り立っていたら，「確からしい」ですよね．

Zeta そう．多くの具体例で予想が成り立てば，一つの根拠になるね．でもそれは，根拠としては弱い方だな．

佑 どうしてですか？

Zeta 直角三角形は，無数にあるからだよ．

沙耶 無限個の実例で検証することはできませんからね.

Zeta 実例をいくら増やそうが,無数の中に占める割合は 0 に近いからね.

佑 では,実例のほかに,もっと強い根拠もあるんですか?

Zeta 実は,これが不思議なんだけど,人間が生まれながらにして持っている感性や感覚が,往々にして予想の強い根拠となるんだ.

沙耶 「感性」「感覚」とは意外です.数学は論理的な学問という印象がありますが,その対極ですね.

Zeta たしかに,数学の証明は論理的だけど,最初の発見は理屈で生まれるんじゃない.直感がものを言うんだ.

佑 たとえ「三平方の定理」が証明されていなくても,これを「正しい」と感じる直感的な根拠があるのですか?

Zeta その感じ方は人それぞれで個人差があるよ.2 人は,三平方の定理が発見されたエピソードを知っているかな.

沙耶 いいえ.知りません.

佑 聞いたことないです.

Zeta 言い伝えで,真偽は定かではないけど,ピタゴラスは,あるとき床のタイルをじっと見ていて,定理を発見したという.

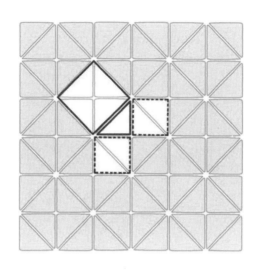

Zeta 直角三角形の斜辺を一辺とする正方形（太線）の面積が，他の辺を一辺とする正方形（太点線）の面積の和に等しいことに気づいた.

沙耶 どちらも，小さな直角三角形 4 個分ですから，等しいですね.

佑 直角二等辺三角形なので，$1^2 + 1^2 = (\sqrt{2})^2$ ですね.

Zeta これは，直角二等辺三角形という特殊な場合なので，これだけでは三平方の定理が成り立つという確信は，まだ持てない.

沙耶 どうしたら確信が持てるのでしょうか.

Zeta これを，縦に引き伸ばしてみると，どうだろう.

佑 縦に 2 倍に引き延ばすと，こんなふうになります.

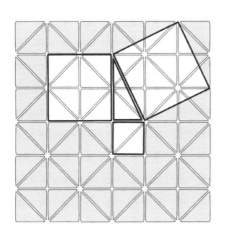

沙耶 あっ，どちらも小さな直角三角形 10 個分となり，やはり成り立ちます！

佑 式で書くと，$1^2 + 2^2 = (\sqrt{5})^2$ ですね．

Zeta こうやって，最初の直角三角形を縦横に引き伸ばしていろいろに変形させてみると，定理に確信が持てるようになる．

沙耶 どんなふうに変形させても，三平方の定理が成り立つからですね．

Zeta これが，さっき話していた「辺の長さの計測」よりも強い根拠となることが，わかるかな．

佑 さっきは，定理が成り立っても「偶然かもしれない」と思いましたが，今回は少し違う気がします．

沙耶 辺をいろいろに変化させても，常に同じ式が成り立つのだから，むしろ「偶然のはずがない」と思えます．

Zeta そうなんだ．図形的に成り立ちを実感すると，定理を証明できそうな気がしてくるんだよ．

佑 単に計測した数値を当てはめて等式を確かめていたのとは違いますね．

沙耶 表面的に同じ命題でも，内容的に理解が深まった気がします．

Zeta 無数の直角三角形がある中で，有限個しか検証していない点では，どちらも同じなんだけどね．

佑 そういわれてみればそうですが，タイルを使って図で考えた方が，定理により深く確信が持てる気がします．

沙耶 この違いは，どこから来るのでしょうか．

Zeta 人間が持って生まれた感性から来ると思うね．

佑 単に数値例が合っただけでは，感性に訴えないということですか．

沙耶 単なるデータとしてしか，役に立たないということですね．

佑 タイルの図を使った考察の方が，感性に訴えるものがありますね．

沙耶 証明ができていなくても，定理の成立に確信が持てました．

佑 図形を変形しても定理が成り立つのを見て「まさか，一般の場合に成り立たないとは思えない」——そんな気持ちが，自然に湧いてきました．

Zeta それこそ，感性と呼んでいいんじゃないかな．

沙耶 では，「ABC予想」も，感性によって「成立を確信する」ことができるんですか？

佑 それができれば，「ABC予想」のことを，かなり理解できそうです．

Zeta まさにそうなんだ．

沙耶 「どうしてこの予想を正しいと思えるのか」を知りたいです．

Zeta それがわかれば，予想が重要である理由や，新聞の一面に載った理由が，すべてわかるだろうね．

第3話

「論文掲載へ」とは？

佑 数学の「予想」は，たくさんあるんですか？

Zeta アメリカ数学会によると，一年間に出版される数学の著作物は世界で 12 万件あまり．そのほとんどが，新しい定理を含んだ論文だよ．

沙耶 すごい数ですね．

佑 ひとつひとつの論文に，予想の証明が書かれているんですか？

Zeta 前に世界の誰かが予想したことを証明した論文もあるし，その論文で新しい予想を提起して，それを証明した論文もあるよ．

沙耶 では，自分で提起するのも入れれば，予想の数は膨大ですね．

Zeta 数学者の考えの分だけ予想があるといってもいいね．

佑 ABC 予想も，そんな予想の一つなんですね．

沙耶 数学者が発見した数学の定理は，どのようにすれば正式に「正しい」と認められるんですか？

Zeta 査読のある出版物として刊行されれば，業績として認知されるよ．

佑 「証明できた」と言って自分のホームページに発表したり，YouTube で主張したりするだけでは駄目なのですね．

沙耶 査読とは，論文の内容が正しいかどうかをチェックすることですか？

Zeta 正しいだけでなく，数学的に価値のある内容か，また，すでに出版された内容と重複していないかも，査読のポイントになるよ．

佑 数学者が最初に新しい発見をして論文を書いたら，まず，どうするんですか？

Zeta 「査読のある出版物」を出している出版社に投稿するんだ．

沙耶 そういう出版社はたくさんあるんですか？

Zeta 世界でいくつもの出版社が，ジャーナルと呼ばれる学術論文の専門誌

を刊行していて，論文を募集している．

佑 そんな雑誌があるとは知りませんでした．

沙耶 普通の本屋さんでは売っていない，学問の世界の雑誌なのでしょうね．

Zeta 各ジャーナルには第一線の数学者からなる編集委員会が設置されている．投稿された論文を査読して掲載の可否を判断するんだよ．

佑 査読にはどれくらいの期間がかかるんですか？

Zeta だいたい，数か月から1年くらいが多いね．長大な論文だと，数年以上かかることもあるよ．

沙耶 その間，論文の著者が「解けた」と思っていても，業績は確定しないんですね．

Zeta 正式には確定しないけど，学会で口頭発表をしたり，国際会議で講演したりしてアピールはできる．

佑 そうやって，新しい理論を普及させるわけですね．

Zeta 発表を聞く側にも，学会や国際会議は，出版物より早く最先端の情報をやり取りできるメリットがあるよ．

沙耶 今回選んだ新聞記事の「論文掲載へ」という見出しは，査読が終わったという意味でしょうか．

Zeta そうだね．査読が完了し，掲載が決定したことをいち早く報じたスクープ記事だね．

佑 それは，証明が正しいと認められたことになるのですね．

Zeta これがもし通常の数学の業績なら，そういうことになる．

沙耶 「ABC予想」は違うんですか？

Zeta 世界的に超有名な問題なので，少し解釈が異なるね．

佑 有名問題は影響が大きいからでしょうか．

沙耶 査読が終わっただけでは，正しいとは認められないということですか？

Zeta 有名問題の場合，少数の査読者に全責任を負わせるべきではないというのが，数学界の通念だね．

佑 査読者が間違えることもあるんですか？

Zeta それは常にあり得るよ．論文の査読は大変な仕事だからね．

沙耶 査読をするほどの人なら，偉い学者の先生だから，間違いはないのかと思いました．

Zeta いくら優秀な人でも，他人の論文の査読のためには，自分の研究を停止して時間を割かなくてはならない．多くの場合は無報酬で，学問の発展のために純粋な気持ちで協力するんだ．

佑 そうすると，あまり責任を負わせるべきではないですね．

Zeta 後になって誤りが発覚し，著者が訂正や取り下げをしたケースを，実際にいくつも知っているよ．

沙耶 そういう場合でも，査読者の責任にはならないのですね．

Zeta 査読者が前面に出ることはまずないね．著者が訂正を出して終わりだよ．

佑 「ABC 予想」のような有名問題の場合は，そういうことにならないよう，別の基準があるのですか？

Zeta アメリカのクレイ数学研究所が定めた，ミレニアム問題の判定基準があるよ．

沙耶 「ミレニアム問題」ですか？

Zeta 西暦 2000 年に，数学の主要未解決問題として選定された 7 つの問題のことだよ．

佑 それ，聞いたことあります．確か，賞金が掛けられたんですよね．

Zeta 1 問解決につき 100 万ドル，つまり 1 億円あまりの賞金が設定されたよ．

沙耶 賞金となると，判定基準を厳格に定める必要がありますね．

Zeta そこで，主催者のクレイ数学研究所が定めた条件がある．

佑 どんな条件ですか？

Zeta 「論文の刊行から 2 年間経過して疑義が出ないこと」だよ．

沙耶 2 年間，世界中の人々の目にさらすわけですね．

佑 少数の査読者でなく，世界中の人々のチェックを経るわけですね．

Zeta 2 年間あれば，たいがいのミスは出尽くすとみなされているわけだね．

沙耶 逆に言えば，2 年間が経過しないうちは，論文の正否を信じるには足りないということですね．

Zeta ミレニアム問題くらい高度な有名問題では，これが一つの基準になると考えてよいだろう．

佑 ABC 予想も超有名問題ですから，それに従って考えればよいのですね．

沙耶 そうすると，今回選んだ「査読完了」の記事よりも，後で見つけた，2020 年 11 月 18 日付けの「『ABC 予想』論文，来年掲載へ」も重要ですね．

佑 その記事によると，論文が掲載されるのは 2021 年の前半とのことですから，それが「2 年間」のスタートとなりますね．

Zeta 2023 年の前半までに疑義が出なければ，証明されたとみなされることになるね．

超有名問題の場合

第4話

「ABC予想」は役に立つ？

沙耶 ABC予想が，なぜそんなに重要なのか，知りたいです．

佑 先ほど，「役に立つともいえるし，立たないともいえる」と言われましたが，どういうことですか？

Zeta 2人は，「数学の定理が役に立つ」とはどういうことか，わかるかな．

沙耶 実生活で，たとえば，測量に役立つと思います．

佑 「三平方の定理」なら，2点間の距離を求めるのに使えます．

沙耶 近所のピザ屋さんの配達区域が「半径10キロ以内」のとき，うちが入っているかどうか，わかりますね．

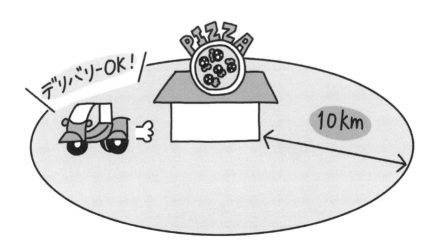

佑 家とピザ屋さんの 2 点の緯度と経度がわかれば，距離が計算できます．

沙耶 まあ，スマホで地図を表示して，画面上で直接測った方が早いですけど．

佑 確かに．そうすると，「三平方の定理が役立つ」とは言えないかな？

Zeta 実は，そこが重要なポイントになる．

沙耶 どうしてですか？

Zeta 実際に距離を求めることが目的なら，他に手段はあるということだよ．

佑 定理を使わなくても，測ればよいですからね．

沙耶 定理の方が精密に求められるだろうけど．

佑 そんなに精密な値，日常生活では必要ないからね．

沙耶 では，定理の価値って，いったい何なんでしょうか？

Zeta 一言でいうと，「定理の背景にある，数学的な風景」だよ．

佑 えっ？ 風景ですか？

沙耶 どういうことでしょうか？

Zeta 定理は，「見つけてそれで終わりではない」ということさ．

佑 証明ができた後にも，何かあるんですか？

Zeta 発展があるんだよ．

沙耶 定理が，発展するんですか？

Zeta その通り．定理を発展させることが，数学者の仕事だといってもいい．

佑 三平方の定理には，どんな発展があるんですか？

Zeta たとえば，3 次元空間に拡張できる．

沙耶 3 次元って，立体のことですか？

Zeta そう．普通の「三平方の定理」は，原点と点 (x, y) との間の距離が

$$\sqrt{x^2 + y^2}$$

であることを意味しているよね．

佑 これを 3 次元にするのですね．

Zeta どうなると思う？ 想像してごらん．

沙耶 原点と点 $\mathrm{P}(x, y, z)$ との間の距離が

$$\sqrt{x^2 + y^2 + z^2}$$

となりますか？

Zeta さすが沙耶ちゃん，その通りだよ．

佑 どうしてわかったの？

沙耶 勘よ．

Zeta いいね．定理の発展には，直感が役立つことが多いんだよ．

佑 証明もできるんですか？

Zeta 点 P から xy 平面に垂線を下ろして直角三角形を描けば，簡単にできるね．

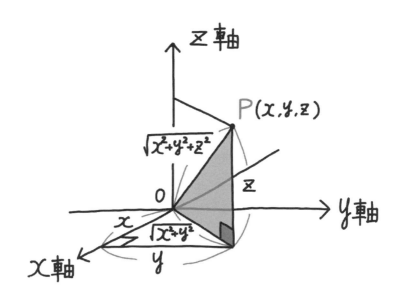

沙耶 それで，これが「三平方の定理の価値」だというのは，どういうことですか？

Zeta 説明しよう．2 次元と 3 次元の距離の式

$$\sqrt{x^2 + y^2}, \qquad \sqrt{x^2 + y^2 + z^2}$$

が似ているのは，偶然だと思うかい？

佑 偶然にしては，出来過ぎな気もします．何か，理由があるのでしょうか．

沙耶 きれいな規則性が成り立っている感じですが，理由はわかりません．

Zeta もし，これが偶然でなく，何か共通の大きな原理によるものだったら，納得できるよね．

佑 2 次元と 3 次元に共通の原理ですか？

Zeta そうだよ．ただ，2 次元と 3 次元だけが特別というより，すべての次元を含めた広い原理がある方が自然だよね．

沙耶 4 次元以上の空間も考えるんですか？

佑 4 次元空間なんて，あるんですか？

Zeta あるかどうかは，置いておこう．距離の式はどうなるかな？

沙耶 さっきの規則性に従えば，4 次元の点 $\mathrm{P}(x, y, z, u)$ の，原点からの距離は，こうなりそうです．

$$\sqrt{x^2 + y^2 + z^2 + u^2}$$

Zeta そうなるね．4 次元空間は目に見えないけど，想像の中で 2 点間の距離は，わかったわけだ．

佑 これが，何かの役に立つんですか？

Zeta 実はそうなんだ．家からピザ屋までの距離を求めるより，何倍も役立つんだよ．

沙耶 どうしてですか？

Zeta 例を挙げて説明しよう．

第5話

弁当の個数

Zeta 2人は,「線形計画法」という言葉を知っているかい?

沙耶 学校で少し習った気がします.

佑 えっと, どんな例題だったかな?

沙耶 「手作り弁当」と「高級食材弁当」の2種類を販売する移動販売車が, 何個ずつ積んで出発すればよいか, みたいな問題だった気がします.

Zeta その例だと, 2種類の弁当の個数をそれぞれ x, y とすればいいね.

佑 たしか, 利益が最大になるようにするんですよね.

Zeta 1個売れたときの利益を, どちらも100円としようか.

沙耶 総利益は,

$$100x + 100y$$

ですね. これが最大になるように, x, y を選びたいわけですね.

佑 100でくくれば$100(x+y)$となるから，$x+y$が最大になればいいですね．

沙耶 これは個数の合計ですね．

佑 種類を問わず，売れた数が多ければ多いほど儲かるわけですね．

沙耶 1個当たりの利益がどちらも同じだから，当然ね．

佑 ともかく，$x+y$を大きくすることが目標です．でも売れ残ったら困るな．

Zeta オフィス街のランチタイムで，必ず売り切れると仮定しよう．

沙耶 それなら，できるだけたくさん積みたいですよね．

Zeta ただし，人件費と材料費に，それぞれの予算が決められているとしよう．

佑 人件費は，「手作り弁当」の方がかかりそうですね．

沙耶 一つ一つ手作りでしょうからね．

Zeta 仮に，1個当たりの人件費が，「手作り弁当」は200円，「高級食材弁当」は100円としよう．

佑 人件費の総額は，こうなります．

$$200x + 100y$$

沙耶 逆に，材料費は「高級食材弁当」の方が高そうです．

Zeta 「手作り弁当」が100円，「高級食材弁当」が300円としよう．

佑 材料費の総額は，こうなります．

$$100x + 300y$$

Zeta 人件費と材料費の予算を，どちらも1日1万円としよう．

沙耶 それぞれの条件はこうなりますね．

$$200x + 100y \leqq 10000$$

$$100x + 300y \leqq 10000$$

佑 両辺を100で割ると，こうです．

$$2x + y \leqq 100$$

$$x + 3y \leqq 100$$

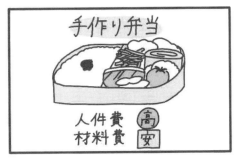

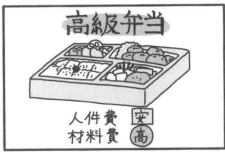

Zeta この不等式が満たす領域を xy 平面上に図示すると，$x \geqq 0$, $y \geqq 0$ の範囲に四角形の領域ができるね．

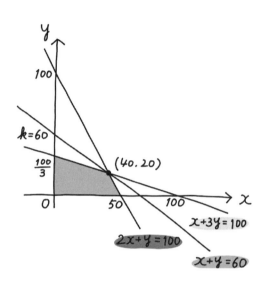

沙耶 領域内の点が，条件を満たしているのですね．

佑 この中で，利益が最大になる点を探すには...

沙耶 $x + y$ が最大になる点を求めればよいのだから，

$$x + y = k$$

とおいて，図を使って求められますね．

佑 $y = -x + k$ より，k はこの直線の y 切片ですから，直線が上にあるほど k は大きいわけですね．

沙耶 k を動かすと，傾き -1 の直線が平行移動します．

Zeta k は，原点と直線の間の距離に比例するよ．

佑 では，領域を通るうちで，原点から最も遠い直線を選べばよいですね．

沙耶 四角形の頂点 $(40, 20)$ を通るときが，k が最大で，$k = 60$ になります．

佑　手作り弁当 40 個，高級食材弁当 20 個だと，最大の利益 6 万円になることがわかりました.

Zeta　よくできたね．これは，線形計画法の簡単な例だよ．

沙耶　不等式を満たす点を図示する方法は学校で習いましたが，こんなふうに役立つなんて面白いです.

Zeta　ところが，話はこれで終わりじゃない.

佑　どうしてですか？

Zeta　これだと 2 種類しか扱えないからだよ．一つ加えて 3 種類だとどうなる？

沙耶　3 種類目の個数を z とおいて，x, y, z の式を立てればよいです.

Zeta　そうすると，3 次元の立体的な領域に図示して考えることになるよね.

佑　あ，2 次元から 3 次元に上がりましたね.

沙耶　3 次元空間の中で，予算の制約が，たとえば

$$x + 2y + 4z \leqq 100$$

のような不等式を，いくつか連立したもので表されるわけですね.

Zeta　この不等式は，空間内で，平面の下側の領域を表している.

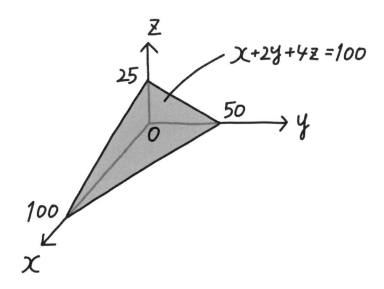

佑　そうすると，そんな平面がいくつか交わっていて，それらすべての平面より下側の立体が，予算内の部分ですね．

沙耶　その中で，たとえば，$x + y + z = k$ が最大になる点を見つければよいのですね．

Zeta　これは平面の方程式で，k は原点と平面の間の距離に比例する．

佑　原点から最も遠い平面を見つければよいのですね．

沙耶　さっきと同様に，上の立体の頂点を通るときが，最大になりそうですね．

佑　弁当の種類が増えても，平面から空間になっただけで，やり方は変わらないんですね．

Zeta　さて，話はこれで終わりだと思うかい？

沙耶　あ，もしかして，4つ目の弁当が増えたとき…

佑　そうか，4次元になるのか！

第6話

数学の定理の価値

佑 弁当が4種類になると，4文字，たとえば，x, y, z, u の式を立てること
　になりますね．

沙耶 人件費や材料費の制約は，たとえば，こんな形の式になりますね．

$$x + 2y + 3z + 4u \leq 100$$

Zeta これは，4次元空間内のある領域を表しているんだよ．

佑 いくつもの制約があると，それぞれに応じて領域が指定されるわけで
　すね．

沙耶 それらの領域の共通部分が，すべての制約を満たす点になりますね．

Zeta 共通部分は，4次元空間の立体をなすんだよ．

佑 その中で，$x + y + z + u = k$ が最大となる点を求めればよいのですね．

Zeta $x + y + z + u = k$ は，4次元空間の図形だから，目に見えないけれど，
　想像はできるだろう．

沙耶 はい．その図形が，原点から一番遠くなるような k を求めればよいです．

Zeta そのイメージで合っているよ．今，4次元空間で「一番遠い」という概
　念を自然に使ったね．

佑 あ，本当だ．

沙耶 4次元空間は，「見えないのにあるのかな」と疑問だったけど．

佑 いつの間にか，距離まで想像できるようになっていました．

Zeta そこが大切なんだよ．4次元といっても，単に4つの数を並べただけで
　なく，距離が定義され「遠さ」の概念があること，画期的だよね．

沙耶 確かに，そうですね．

佑 数を4個並べるだけよりも，深い境地に達した気がします．

沙耶　そのおかげで，4種類のお弁当が扱えるわけですしね．

Zeta　4次元空間に距離を定義できたのは，三平方の定理のおかげだったよね．

佑　最初は，2次元から3次元への拡張でした．

沙耶　そこで，きれいな法則性を見つけたんでしたね．

佑　その法則性を自然に使ったら，4次元の距離もわかったんですよね．

Zeta　実は「三平方の定理」の本当の価値は，距離という概念の本質がわか
　　　ることなんだ．

沙耶　確かに，そのおかげで4次元空間という見えないものを利用できるよ
　　　うになるなんて，すごいです．

佑　定理の外見は，「平面上の2点間の距離がわかる」という形ですが，定理
　　の価値はそれにとどまらないんですね．

Zeta　これが，「定理の背景にある，数学的な風景」だよ．

沙耶　4次元空間なんて，はたして存在するのかと思っていましたが...

佑　目に見えない，図示できないからといって，軽視してはいけないですね．

沙耶　むしろ，想像を超えた4次元空間を，数式で扱えることが，すごいで
　　　すね．

佑　弁当を2種類までしか扱えない理論なんて，変ですものね．

沙耶　目で見える図形より，もっと抽象的，一般的なところに，数学の価値
　　　があるんですね．

Zeta　だから，定理の背景，数学的な風景が大切なんだ．

沙耶　三平方の定理の数学的な背景は，「距離の一般的な原理」のようなもの
　　　でしょうか．

Zeta　そういうことだよ．数学の定理は，表面的な命題を見るだけじゃ，真
　　　の価値はわからない．

佑　三平方の定理はその一端を垣間見せてくれたということですね．

沙耶　先生が「背景」とおっしゃった意味がわかった気がします．

＊＊＊＊＊＊＊＊＊＊

佑　それで，「ABC予想が役立つか」という最初の質問ですが．

沙耶　定理の表面的な記述だけでは，計り知れないわけですね．

佑　定理のうしろにある，数学的な背景や，一般的な原理が重要ですね．

沙耶　「ABC 予想」には，どんな背景があるのでしょうか？

Zeta　「整数の世界を支配する原理」があると考えられている．

佑　あの不等式に，そんな深い意味があるんですか？

Zeta　たし算とかけ算の関係についての原理だよ．

沙耶　「たし算とかけ算」ですか？

佑　まるで，小学生みたいですね．

Zeta　素朴で基本的な概念ほど，人間の心に根差した重要なものなんだ．

沙耶　「三平方の定理」の背景に，「距離」の本質があったことと似ていますね．

佑　三平方の定理は図形に対して，ABC 予想は数に対して，それぞれの根本的な概念ということですか．

Zeta　数学の定理には，優れたものから凡庸なものまでいろいろあるけど，これら 2 つの定理は，どちらも最高の定理ということになる．

沙耶　優れた定理には，風景が広がっているのですね．

Zeta　人が根本的，普遍的に抱いている概念に根差した命題ほど，価値が高いだろうね．

佑　三平方の定理のおかげで線形計画法ができたみたいに，ABC 予想からも何か応用があるんですか？

Zeta　それはまだわからないな．定理の発見と応用は，全く別のステージだからね．

沙耶　証明された時点では，将来にどんな応用があるか，想像がつかないわけですね．

佑　もともと，社会の要請に応えるための研究ではないですからね．

Zeta　三平方の定理も，古代ギリシャで発見された当時は，未来に線形計画法に発展するとはだれも想像しなかっただろうね．

沙耶　もし，三平方の定理が発見されていなかったら，お弁当の最適な個数を求めるとき，どうしていたんでしょうか．

佑　そのために三平方の定理を発見して，3 次元に一般化して，4 次元空間の距離を定義するなんて，気が遠くなります．

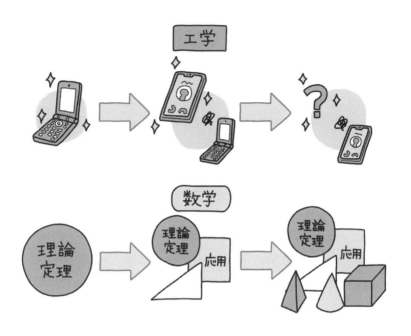

Zeta　そこなんだよ．数学のすごいところはね，定理の発見時には想像もで
　　　　きなかったような応用を，後の世代の人々ができることなんだ．

沙耶　無限の可能性を秘めているのですね．

Zeta　科学技術というと，社会的な要請に応えるための研究を想像しがちだ
　　　　けど，数学はそういう方向じゃないんだよね．

佑　社会の要請と独立に研究している感じですか？

Zeta　そうだね．最先端の工学なんて，数年後には古くて使い物にならなく
　　　　なることが多いよね．

沙耶　でも，数学は違うんですね．

Zeta　数学の理論は永遠だよ．どうやって応用するかは，各時代の人間が工夫すればよい．

佑　あらゆる時代の人類の思考や工夫の下地になるのが，数学なんですね．

Zeta　数学から見れば，要請に応えて後からできた工学は「後追いの学問」だともいえるね．

沙耶　「こういうことができてほしい」という希望が叶えられるのはよいと思いますが...

佑　最初から結果が期待されているというか，見えているわけですよね．

Zeta　数学はそうじゃない．「まさかこんなことができるとは思わなかった」という，想像を超えた応用があるんだよ．

沙耶　三平方の定理の応用も，線形計画法だけではないですよね．

Zeta　その通り．数学の定理は，いろいろな応用があり得る．

沙耶　定理が証明されてから，応用が得られるまで，時間がかかるんですね．

Zeta　ただ，優れた定理は，根本的な原理を背景に持つから，応用範囲が広く，将来役に立つ可能性が高いといえるだろうね．

佑　ABC 予想が，将来どんな応用を持つか，楽しみですね．

沙耶　といっても，いつになるかわからないですよね．私たちが生きている間とは限らないでしょうし．

Zeta　そう．数学の定理は，百年後，数百年後，数千年後に応用される可能性も秘めているんだよ．

佑　まさに人類の資産ですね．

第7話

フェルマーの遺言？

Zeta 「ABC 予想」の心を理解するには，まず，1995 年に証明された「フェルマー予想」を実感するのがよいだろうね．

沙耶 フェルマー予想って，何ですか？

Zeta n は，3 以上のどんな**整数**でもよいとする．このとき，

$$x^n + y^n = z^n \text{ を満たす自然数の組 } (x, y, z) \text{ は，存在しない}$$

という命題だよ．今は証明されたから予想でなく定理だけどね．

佑 いきなり数式を見ても，よくわからないですね．

沙耶 実感するのは難しいです．

佑 フェルマーは，人の名前ですか？

Zeta 17 世紀の数学者だよ．

沙耶 ずいぶん昔の人ですね．

Zeta 300 年以上も前の問題が，現代でも盛んに研究されているのは，数学の特徴だね．

佑 フェルマーが予想をした記録が残っているんですか？

Zeta フェルマーは，「証明した」と書き残している．本の余白の書き込みに
「真に驚くべき証明を発見したが，この余白はそれを書くには狭すぎる」
とあったことが，死後に息子によって発見されたんだ．

沙耶 まるで，遺言みたいですね．

Zeta 実際には，フェルマーがこれを書いたのは若いときだったので，遺言ではないけどね．

佑 でも，フェルマーは証明できたと思っていたんですね．

Zeta 一度はそう思ったのだろうね．でも，その後，間違いに気づいたようだよ．

沙耶 どうしてそうわかるんですか？

Zeta フェルマーは晩年に $n=3$ や $n=4$ の場合を，精力的に研究した記録が残っているからだよ．

佑 「3 以上のどんな整数でもよい」場合に証明できたなら，そんな研究をする必要が無いですからね．

Zeta その本には，全部で 48 個の書き込みがあったけど，そのうち 47 個は，後世の数学者によって証明されたんだ．

沙耶 最後に残ったのがフェルマー予想なんですね．

Zeta そのため，フェルマー予想は長らく「フェルマーの最終定理」と呼ばれてきたんだ．

佑 フェルマーは証明していないけど，「定理」と呼ばれたんですね．

Zeta 「フェルマーの最終定理」は，ニックネームというか，慣習的な呼び名だったわけだね．

沙耶 結局，1995 年に証明されたんですか．

Zeta フェルマーが予想を提起してから，360 年もかかったんだよ．

佑 それを解いた人もすごいですが，そもそもそんなに長い間，この予想が注目され続けたことがすごいですね．

Zeta 解いたのはアンドリュー・ワイルズ教授で，小学校時代からこの問題を解きたいという夢を抱き続けていたそうだよ．

沙耶 フェルマー予想は，そんなに魅力的な問題なんですか？

Zeta 「ABC 予想」を知るには，まずフェルマー予想が重要である理由から理解する必要があるね．

佑 ではそこから教えてください．

沙耶 お願いします．

＊＊＊＊＊＊＊＊＊

Zeta フェルマー予想の式を $n=2$ に変えると，三平方の定理と同じ式になるね．こんな式だよ．

$$x^2 + y^2 = z^2.$$

佑 はい. z が直角三角形の斜辺で, x, y が他の 2 辺の長さですね.

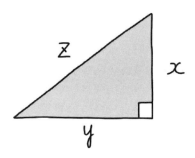

Zeta この式を満たすような自然数 x, y, z は, たくさんある.

沙耶 たとえば, こんな式が成り立ちますね.

$$3^2 + 4^2 = 5^2, \qquad 5^2 + 12^2 = 13^2, \qquad 6^2 + 8^2 = 10^2.$$

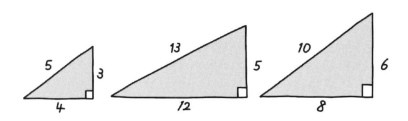

Zeta この種の式が, 指数を 3 以上にすると一切成り立たないというのが, フェルマー予想の主張だよ.

佑 たとえば,

$$3^3 + 4^3 = (ある数)^3, \quad 1^4 + 12^4 = (ある数)^4, \quad 13^5 + 18^5 = (ある数)^5.$$

のようにはならない, というわけですね.

沙耶　それって，つまり，どういうことなんでしょうか？

Zeta　フェルマー予想の感覚をつかむには，まず第一に，べき乗数のイメージを持つ必要があるね.

佑　「べき乗数」ですか？

沙耶　2乗，3乗など，同じ数を何回も掛けて，指数が高くなっている数のことですよね.

佑　それなら，「3の2乗」の9や，「5の3乗」の125は，べき乗数ですね.

Zeta　べき乗数は，指数が2のとき「2乗数」「平方数」と呼び，指数が3のとき「3乗数」「立方数」と呼び，指数が4以上のとき「4乗数」「5乗数」「6乗数」などと呼ぶよ.

沙耶　「べき乗数のイメージ」とは，どういうことなんでしょうか？

Zeta　まず，べき乗数がどれくらい多いのか少ないのか，感覚をつかんでみてはどうかな.

佑　平方数は，100以下に10個ありますね. $10^2 = 100$ ですから，この10個です.

$$1, \quad 2^2, \quad 3^2, \quad \cdots, \quad 10^2$$

沙耶　すると，1万以下なら100個ですね. $100^2 = 10000$ ですから.

Zeta　イメージをつかむために，平方数を白抜きにした図を見てみよう.

1	2	3	4	5	6	7	8	9	10	11	12	13	14	15	16	17	18	19	20
21	22	23	24	25	26	27	28	29	30	31	32	33	34	35	36	37	38	39	40
41	42	43	44	45	46	47	48	49	50	51	52	53	54	55	56	57	58	59	60
61	62	63	64	65	66	67	68	69	70	71	72	73	74	75	76	77	78	79	80
81	82	83	84	85	86	87	88	89	90	91	92	93	94	95	96	97	98	99	100
101	102	103	104	105	106	107	108	109	110	111	112	113	114	115	116	117	118	119	120
121	122	123	124	125	126	127	128	129	130	131	132	133	134	135	136	137	138	139	140
141	142	143	144	145	146	147	148	149	150	151	152	153	154	155	156	157	158	159	160
161	162	163	164	165	166	167	168	169	170	171	172	173	174	175	176	177	178	179	180
181	182	183	184	185	186	187	188	189	190	191	192	193	194	195	196	197	198	199	200
201	202	203	204	205	206	207	208	209	210	211	212	213	214	215	216	217	218	219	220
221	222	223	224	225	226	227	228	229	230	231	232	233	234	235	236	237	238	239	240
241	242	243	244	245	246	247	248	249	250	251	252	253	254	255	256	257	258	259	260
261	262	263	264	265	266	267	268	269	270	271	272	273	274	275	276	277	278	279	280
281	282	283	284	285	286	287	288	289	290	291	292	293	294	295	296	297	298	299	300
301	302	303	304	305	306	307	308	309	310	311	312	313	314	315	316	317	318	319	320
321	322	323	324	325	326	327	328	329	330	331	332	333	334	335	336	337	338	339	340
341	342	343	344	345	346	347	348	349	350	351	352	353	354	355	356	357	358	359	360
361	362	363	364	365	366	367	368	369	370	371	372	373	374	375	376	377	378	379	380
381	382	383	384	385	386	387	388	389	390	391	392	393	394	395	396	397	398	399	400
401	402	403	404	405	406	407	408	409	410	411	412	413	414	415	416	417	418	419	420
421	422	423	424	425	426	427	428	429	430	431	432	433	434	435	436	437	438	439	440
441	442	443	444	445	446	447	448	449	450	451	452	453	454	455	456	457	458	459	460
461	462	463	464	465	466	467	468	469	470	471	472	473	474	475	476	477	478	479	480
481	482	483	484	485	486	487	488	489	490	491	492	493	494	495	496	497	498	499	500
501	502	503	504	505	506	507	508	509	510	511	512	513	514	515	516	517	518	519	520
521	522	523	524	525	526	527	528	529	530	531	532	533	534	535	536	537	538	539	540
541	542	543	544	545	546	547	548	549	550	551	552	553	554	555	556	557	558	559	560
561	562	563	564	565	566	567	568	569	570	571	572	573	574	575	576	577	578	579	580
581	582	583	584	585	586	587	588	589	590	591	592	593	594	595	596	597	598	599	600
601	602	603	604	605	606	607	608	609	610	611	612	613	614	615	616	617	618	619	620
621	622	623	624	625	626	627	628	629	630	631	632	633	634	635	636	637	638	639	640
641	642	643	644	645	646	647	648	649	650	651	652	653	654	655	656	657	658	659	660
661	662	663	664	665	666	667	668	669	670	671	672	673	674	675	676	677	678	679	680
681	682	683	684	685	686	687	688	689	690	691	692	693	694	695	696	697	698	699	700
701	702	703	704	705	706	707	708	709	710	711	712	713	714	715	716	717	718	719	720
721	722	723	724	725	726	727	728	729	730	731	732	733	734	735	736	737	738	739	740
741	742	743	744	745	746	747	748	749	750	751	752	753	754	755	756	757	758	759	760
761	762	763	764	765	766	767	768	769	770	771	772	773	774	775	776	777	778	779	780
781	782	783	784	785	786	787	788	789	790	791	792	793	794	795	796	797	798	799	800

図 1: 800 以下の平方数

沙耶　上の方に白抜き文字は集中していますね.

佑　小さい数ほど，平方数が密であることがわかります.

沙耶　一行目に4個，二行目に2個，その後，各行1個ずつになり，後半では平方数がない行もありますね.

佑　このまま数を大きくしていくと，平方数はどんどん稀になっていくんでしょうね.

Zeta　全体として，平方数が「そこそこ珍しい数」であることに共感できるかな.

沙耶　この図で見えている範囲では，800個のうち28個ですから，3.5％しかありません.

佑　もっと先では，さらに少なくなるでしょうから，平方数はかなりレアになりますね.

Zeta　そういう目で，先ほどの式を見てごらん.

$$3^2 + 4^2 = 5^2, \qquad 5^2 + 12^2 = 13^2, \qquad 6^2 + 8^2 = 10^2.$$

沙耶　平方数どうしの和が，再び平方数になっているということですね.

佑　ごく稀にしかない白抜き文字の組合せが，また白抜き文字になるなんて，よほどの偶然ですよね.

Zeta　よし．その感覚は大切だよ．では次に，指数を上げて3乗数，4乗数を考えてみよう.

沙耶　指数が上がると，べき乗数の頻度はどうなるのでしょうか.

Zeta　次の2つの図を見てごらん.

1	2	3	4	5	6	7	**8**	9	10	11	12	13	14	15	16	17	18	19	20
21	22	23	24	25	26	**27**	28	29	30	31	32	33	34	35	36	37	38	39	40
41	42	43	44	45	46	47	48	49	50	51	52	53	54	55	56	57	58	59	60
61	62	63	**64**	65	66	67	68	69	70	71	72	73	74	75	76	77	78	79	80
81	82	83	84	85	86	87	88	89	90	91	92	93	94	95	96	97	98	99	100
101	102	103	104	105	106	107	108	109	110	111	112	113	114	115	116	117	118	119	120
121	122	123	124	**125**	126	127	128	129	130	131	132	133	134	135	136	137	138	139	140
141	142	143	144	145	146	147	148	149	150	151	152	153	154	155	156	157	158	159	160
161	162	163	164	165	166	167	168	169	170	171	172	173	174	175	176	177	178	179	180
181	182	183	184	185	186	187	188	189	190	191	192	193	194	195	196	197	198	199	200
201	202	203	204	205	206	207	208	209	210	211	212	213	214	215	**216**	217	218	219	220
221	222	223	224	225	226	227	228	229	230	231	232	233	234	235	236	237	238	239	240
241	242	243	244	245	246	247	248	249	250	251	252	253	254	255	256	257	258	259	260
261	262	263	264	265	266	267	268	269	270	271	272	273	274	275	276	277	278	279	280
281	282	283	284	285	286	287	288	289	290	291	292	293	294	295	296	297	298	299	300
301	302	303	304	305	306	307	308	309	310	311	312	313	314	315	316	317	318	319	320
321	322	323	324	325	326	327	328	329	330	331	332	333	334	335	336	337	338	339	340
341	342	**343**	344	345	346	347	348	349	350	351	352	353	354	355	356	357	358	359	360
361	362	363	364	365	366	367	368	369	370	371	372	373	374	375	376	377	378	379	380
381	382	383	384	385	386	387	388	389	390	391	392	393	394	395	396	397	398	399	400
401	402	403	404	405	406	407	408	409	410	411	412	413	414	415	416	417	418	419	420
421	422	423	424	425	426	427	428	429	430	431	432	433	434	435	436	437	438	439	440
441	442	443	444	445	446	447	448	449	450	451	452	453	454	455	456	457	458	459	460
461	462	463	464	465	466	467	468	469	470	471	472	473	474	475	476	477	478	479	480
481	482	483	484	485	486	487	488	489	490	491	492	493	494	495	496	497	498	499	500
501	502	503	504	505	506	507	508	509	510	511	**512**	513	514	515	516	517	518	519	520
521	522	523	524	525	526	527	528	529	530	531	532	533	534	535	536	537	538	539	540
541	542	543	544	545	546	547	548	549	550	551	552	553	554	555	556	557	558	559	560
561	562	563	564	565	566	567	568	569	570	571	572	573	574	575	576	577	578	579	580
581	582	583	584	585	586	587	588	589	590	591	592	593	594	595	596	597	598	599	600
601	602	603	604	605	606	607	608	609	610	611	612	613	614	615	616	617	618	619	620
621	622	623	624	625	626	627	628	629	630	631	632	633	634	635	636	637	638	639	640
641	642	643	644	645	646	647	648	649	650	651	652	653	654	655	656	657	658	659	660
661	662	663	664	665	666	667	668	669	670	671	672	673	674	675	676	677	678	679	680
681	682	683	684	685	686	687	688	689	690	691	692	693	694	695	696	697	698	699	700
701	702	703	704	705	706	707	708	709	710	711	712	713	714	715	716	717	718	719	720
721	722	723	724	725	726	727	728	**729**	730	731	732	733	734	735	736	737	738	739	740
741	742	743	744	745	746	747	748	749	750	751	752	753	754	755	756	757	758	759	760
761	762	763	764	765	766	767	768	769	770	771	772	773	774	775	776	777	778	779	780
781	782	783	784	785	786	787	788	789	790	791	792	793	794	795	796	797	798	799	800

図 2: 800 以下の 3 乗数

1 2 3 4 5 6 7 8 9 10 11 12 13 14 15 **16** 17 18 19 20
21 22 23 24 25 26 27 28 29 30 31 32 33 34 35 36 37 38 39 40
41 42 43 44 45 46 47 48 49 50 51 52 53 54 55 56 57 58 59 60
61 62 63 64 65 66 67 68 69 70 71 72 73 74 75 76 77 78 79 80
81 82 83 84 85 86 87 88 89 90 91 92 93 94 95 96 97 98 99 100
101 102 103 104 105 106 107 108 109 110 111 112 113 114 115 116 117 118 119 120
121 122 123 124 125 126 127 128 129 130 131 132 133 134 135 136 137 138 139 140
141 142 143 144 145 146 147 148 149 150 151 152 153 154 155 156 157 158 159 160
161 162 163 164 165 166 167 168 169 170 171 172 173 174 175 176 177 178 179 180
181 182 183 184 185 186 187 188 189 190 191 192 193 194 195 196 197 198 199 200
201 202 203 204 205 206 207 208 209 210 211 212 213 214 215 216 217 218 219 220
221 222 223 224 225 226 227 228 229 230 231 232 233 234 235 236 237 238 239 240
241 242 243 244 245 246 247 248 249 250 251 252 253 254 255 **256** 257 258 259 260
261 262 263 264 265 266 267 268 269 270 271 272 273 274 275 276 277 278 279 280
281 282 283 284 285 286 287 288 289 290 291 292 293 294 295 296 297 298 299 300
301 302 303 304 305 306 307 308 309 310 311 312 313 314 315 316 317 318 319 320
321 322 323 324 325 326 327 328 329 330 331 332 333 334 335 336 337 338 339 340
341 342 343 344 345 346 347 348 349 350 351 352 353 354 355 356 357 358 359 360
361 362 363 364 365 366 367 368 369 370 371 372 373 374 375 376 377 378 379 380
381 382 383 384 385 386 387 388 389 390 391 392 393 394 395 396 397 398 399 400
401 402 403 404 405 406 407 408 409 410 411 412 413 414 415 416 417 418 419 420
421 422 423 424 425 426 427 428 429 430 431 432 433 434 435 436 437 438 439 440
441 442 443 444 445 446 447 448 449 450 451 452 453 454 455 456 457 458 459 460
461 462 463 464 465 466 467 468 469 470 471 472 473 474 475 476 477 478 479 480
481 482 483 484 485 486 487 488 489 490 491 492 493 494 495 496 497 498 499 500
501 502 503 504 505 506 507 508 509 510 511 512 513 514 515 516 517 518 519 520
521 522 523 524 525 526 527 528 529 530 531 532 533 534 535 536 537 538 539 540
541 542 543 544 545 546 547 548 549 550 551 552 553 554 555 556 557 558 559 560
561 562 563 564 565 566 567 568 569 570 571 572 573 574 575 576 577 578 579 580
581 582 583 584 585 586 587 588 589 590 591 592 593 594 595 596 597 598 599 600
601 602 603 604 605 606 607 608 609 610 611 612 613 614 615 616 617 618 619 620
621 622 623 624 **625** 626 627 628 629 630 631 632 633 634 635 636 637 638 639 640
641 642 643 644 645 646 647 648 649 650 651 652 653 654 655 656 657 658 659 660
661 662 663 664 665 666 667 668 669 670 671 672 673 674 675 676 677 678 679 680
681 682 683 684 685 686 687 688 689 690 691 692 693 694 695 696 697 698 699 700
701 702 703 704 705 706 707 708 709 710 711 712 713 714 715 716 717 718 719 720
721 722 723 724 725 726 727 728 729 730 731 732 733 734 735 736 737 738 739 740
741 742 743 744 745 746 747 748 749 750 751 752 753 754 755 756 757 758 759 760
761 762 763 764 765 766 767 768 769 770 771 772 773 774 775 776 777 778 779 780
781 782 783 784 785 786 787 788 789 790 791 792 793 794 795 796 797 798 799 800

図 3: 800 以下の 4 乗数

佑　白抜き文字は，かなり少ないですね.

沙耶　平方数よりも 3 乗数が少なく，4 乗数はそれよりもさらにずっと少なくなっています.

Zeta　そのことを踏まえて，フェルマー予想を考えてみてごらん.

佑　フェルマー予想は，「べき乗数の和がべき乗数になり得ない」，つまり，

$$3^3+4^3 = (ある数)^3, \quad 1^4+12^4 = (ある数)^4, \quad 13^5+18^5 = (ある数)^5.$$

などは起き得ない，という主張でしたね.

沙耶　3 乗数は平方数よりも稀なので，そんなに珍しいものどうしの組合せが，また同じ性質を持つ可能性は，とても低そうですよね.

佑　4 乗数，5 乗数となれば，なおさらです.

沙耶　指数を大きくしていくと，白抜き文字がどんどん減っていくので，そんな組合せは見つかりにくくなるでしょうね.

佑　いつかは，「存在しない」となりそうですね.

沙耶　その「存在しない条件」を求めたのが，フェルマー予想なのね. 正解は「3 乗以上」だと.

佑　なるほど. こうして，「$n \geq 3$ のときに

$$x^n + y^n = z^n$$

が自然数の解 (x, y, z) を持たない」という予想になったわけか.

沙耶　そう考えると，「フェルマー予想」は自然な主張に思えてきます.

Zeta　よし，これで 2 人とも，「ABC 予想」の理解に向けた第一歩を踏み出せたことになるね.

佑　本当ですか？

沙耶　ありがとうございます.

第8話

「たし算的」と「かけ算的」

Zeta フェルマー予想の意義を，もう少し考えてみよう．

沙耶 フェルマー予想は，「$n \geq 3$ のときに

$$x^n + y^n = z^n$$

が自然数の解 (x, y, z) を持たない」という命題ですね．

佑 たとえば $n = 9$ なら，こんな方程式が自然数の解 (x, y, z) を持たない
という意味です．

$$x^9 + y^9 = z^9$$

Zeta すると，9乗数どうしの差が，512 になることはあり得ないよね．

沙耶 えっと，512 は「2 の 9 乗」だから，もし 9 乗数どうしの差が 512 だっ
たら，その 9 乗数を x^9, z^9 とおけば，

$$x^9 - z^9 = 512 = 2^9 \qquad \therefore x^9 + 2^9 = z^9$$

となり，フェルマー予想に反しますね．

佑 もし，そんな 9 乗数の組があったら，フェルマー予想の反例になるから
大発見ですね．

沙耶 もちろん，今ではフェルマー予想は証明されているので，そんな反例
は見つかりっこないわけですが．

Zeta 今，仮に，フェルマー予想が証明されておらず，2 人が反例を探してい
るとしよう．そこで一つアンケートをとろう．

沙耶 え？アンケートですか？

Zeta そう．2 人の意見を聞かせてほしいんだ．

佑 どんな質問ですか？

Zeta いろいろな9乗数で引き算をしてみた結果，差が512と1だけ違う511とか513となる例を見つけたら，惜しいと感じるかい？

沙耶 もちろん，それは惜しいですよ．

佑 もし，512なら，世紀の大発見だったところですからね．

Zeta なるほど．では，511と513では，どちらがより惜しいと思う？

沙耶 えっと，どちらも512との差が1なので，同じように思えますが...

佑 どちらかの方がより惜しい，ということはないと思います．

Zeta なるほど．それも一つの考え方だね．それは「たし算的」な概念に基づいた考えだよ．

沙耶 「たし算的」ですか？

Zeta 数を初めて習うとき，数直線をイメージするよね．

佑 小学校で，よくやりました．

Zeta 数直線は，まず0の右隣に1があって，1の右隣に2があり，2の右隣に3があり，というふうに，順に数を作っていったものだよ．

沙耶 あ，なるほど．右隣の数を作るのは，1を足す操作ですね．

Zeta だから，これを「たし算的」というんだ．

佑 次々に1を足していき，自然数全体を得るわけですね．

Zeta たし算的な考えでは，「1を足すこと」は，最も小さな操作で，「差が1」は最も近いことを意味するね．

沙耶 それ以外の考え方があるんですか？

Zeta それが，ABC予想やフェルマー予想の気持ちを知る上で鍵となるんだよ．フェルマー予想の意義を思い出してごらん．

沙耶 「べき乗数」が「まれにしか存在しない」ということでした．

Zeta そうだったよね．その「べき乗数」という性質は，「かけ算的」だといえる．

佑 べき乗とは，「同じ数を何度もかける」という意味だからでしょうか．

Zeta そう．仮に，この世の中に「たし算」がなく，「かけ算」しかなかったとしても，「べき乗数」はあるからね．

沙耶 「たし算」がなく，「かけ算」しかない世界なんて，あるんですか？

佑 そんなこと，想像できません．

沙耶 そもそも，小学校で，「かけ算はたし算の繰り返し」と習いましたし．

佑 僕もそう習いました．2×3 は，「3 個の 2 を足し合わせる」という意味
でした．こんなふうに．

$$2 \times 3 = 2 + 2 + 2$$

沙耶 「たし算」があって，はじめて「かけ算」ができると思います．

Zeta ハハハ．それはね，「かけ算」の教え方の一つにすぎないんだ．

佑 たし算を使わずに，かけ算を考えられるのですか．

Zeta そもそも，「同じ数を何個か足し合わせる」という考えでは，整数倍し
か説明できないからね．

沙耶 確かに，2×1.5 を，「1.5 個の 2 を足し合わせる」といっても意味が通
じませんね．

佑 では，かけ算をどうやって説明すればよいんですか？

Zeta 2×3 を，縦横に同じ図形 を並べたときの総量と考えればいいよ．
6 個分なら $2 \times 3 = 6$ となる．

沙耶 そうすると，2×3.5 は，横が 3.5 個分なので，...

佑 7 個分になるから，$2 \times 3.5 = 7$ がわかりますね．

沙耶 要するに，長方形の面積を，縦横の辺の長さの積とみなすわけですね．

Zeta そういうことだね．

佑 辺の長さは，縦も横も半端な数になり得るから「同じ数を何個か足し合
わせる」という表現以上の内容を表しているのですね．．

沙耶 かけ算は，たし算の延長ではなく，たし算と独立に，面積という新た
な量を表したものなんですね．

Zeta これで，「たし算のない世界」を想像できるようになったかな？

佑 まだ慣れないので不思議な感じですが，頑張って想像してみます．

沙耶 たし算がないということは，数直線を作ったときに繰り返し行った「1
を足す」という「最小の操作」も，ないということですね．

佑 そうすると，「差が1」だからといって，「隣り合う」とか「最も近い」と
はならないということですか．

Zeta お，いいところに気がついたね．

沙耶 それなら，どのような整数が「近い」とか「惜しい」となるのでしょ
うか．

Zeta かけ算的にいって，「2の9乗」に近いのは，たとえば「2の8乗」や
「2の10乗」などだね．

佑 なるほど．そう考えると，511や513は，全然惜しくない感じがしますね．

沙耶 今，思いついたのですが，「3の9乗」も惜しいですか？「2の9乗」に
似ているので．

Zeta よい着眼だね．フェルマー予想の反例を探すなら，必ずしも「2のべき
乗」である必要は無いからね．

佑 9乗数どうしの差が，「2の9乗」でなく「3の9乗」になってもよいわ
けですね．

沙耶 そうすると，「3の8乗」や「5の10乗」も，惜しいケースと言えそう
ですね．

Zeta 要するに，「同じ数を何回かけているか」が鍵となる．指数の部分だけ
に注目するわけだね．

佑 さっきのアンケートの答え方も変わってくるな．

沙耶 「9乗数どうしの差が512にならず，511や513だったら，惜しいだ
ろうか」という問いだったわね．

佑 あまり惜しいとは言えないと思えるね．どちらも，べき乗数ではないか
らなー．

沙耶 あ，でも待って．これって関係あるかな？

$$513 = 3^3 \times 19$$

佑 3乗数が登場しているね．

沙耶 目指してる9乗には及ばないけど，3乗でも，普通と比べたら珍しい
方よね．

佑 そうだね. 同じ数を 3 回もかけるんだからね.

Zeta 2 人とも, よく気がついたね. そこが重要なポイントなんだよ.

沙耶 もう一方は, こうなります.

$$511 = 7 \times 73$$

佑 これは, 指数 1 だから, 平凡だな. 珍しくもなんともない.

沙耶 先生, わかりました. 比較すると, 511 よりも 513 の方が「惜しい」と言えます.

Zeta よくわかったね. これで,「ABC 予想」の理解にまた一歩近づけたぞ.

佑 僕はちょっと不安です. そもそも, 自然数をべき乗数の積に分けられる自信が無いし.

沙耶 学校で習った「素因数分解」を忘れたの?

佑 へへへ. まずそこから復習しなくちゃ.

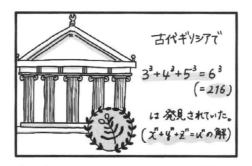

第9話

素因数分解で見える風景

沙耶 ABC 予想を理解するためには，素因数分解を復習する必要があること
　　がわかりました．

佑 素因数分解について，教えてもらえますか？

Zeta 素数は知っているかな？

沙耶 はい．素数とは，約数が 2 個であるような自然数のことです．

Zeta その通り．「2 個の約数」とは，1 とその数自身なわけだね．

佑 素数を小さい方から順に挙げると，こんなふうになります．

$$2, \quad 3, \quad 5, \quad 7, \quad 11, \quad 13, \quad 17, \quad 19, \quad 23, \quad \cdots$$

Zeta どんな自然数も，必ず素数の積で表せる．これを素因数分解というんだ．

沙耶 素因数分解をするには，素数で次々に割ってみればいいんですよね．

佑 たとえば，100 だったら？

沙耶 100 は，最初の素数 2 で割り切れて，商が 50 になるわね．

$$100 = 2 \times 50$$

佑 うん．なるほど．

沙耶 そうしたら，次は 50 を素数で割るの．もう一度，最初の素数 2 で割り
　　切れて，商が 25 になるわね．

$$50 = 2 \times 25$$

佑 次は，25 を割るの？

沙耶 そうね．でも今度は，最初の素数 2 では割り切れない．次の素数 3 でも割り切れない．その次の素数 5 でようやく割り切れるわね．

佑 $25 = 5 \times 5$ だね．

沙耶 これを合わせれば，素因数分解が完成よ．

$$100 = 2 \times 2 \times 5 \times 5 = 2^2 \times 5^2$$

Zeta どんな自然数も素因数分解を持ち，しかも，分解の仕方は一通りしかない．これは定理なんだ．

佑 数学的に証明された事実なんですね．

沙耶 証明は，学校では習わなかったですけどね．

Zeta 大学で数学を学べば，3 年生くらいで習うよ．

佑 大学の数学って，そんなことも習うんですね．

Zeta 素因数分解を踏まえると，すべての自然数が，いろいろな「素数のべき乗」の積として表せることがわかる．

沙耶 もとの自然数が「べき乗数である」とは，素因数分解に現れる指数が，すべて等しいことですよね．

Zeta うーん，惜しいね．でも，沙耶ちゃんの気持はわかるよ．まず最初の例として，1296 で確かめてごらん．

佑 1296 の素因数分解は，
$$1296 = 2^4 \times 3^4$$
となるので，素数 2 と素数 3 の指数がともに 4 です．

Zeta そうすると，1296 は 4 乗数であることがわかるね．

$$1296 = 2^4 \times 3^4 = (2 \times 3)^4 = 6^4$$

沙耶 それに対して，「513 がべき乗でない」とは，

$$513 = 3^3 \times 19$$

で，素数 3 の指数 3 と，素数 19 の指数 1 が，等しくないことです．

佑 やっぱり，合っているんじゃないでしょうか．

Zeta では次の例として，144 で確かめてごらん．

沙耶 144 の素因数分解は,

$$144 = 2^4 \times 3^2$$

となるので, 素数 2 と素数 3 の指数は, 4 と 2 で異なります.

佑 あれ? でも, これはべき乗数ですね. 2 乗数です.

$$144 = 2^4 \times 3^2 = (2^2 \times 3)^2 = 12^2$$

Zeta このときは, 指数の 4 と 2 の最大公約数である 2 を, 全体の指数にすることができるね.

沙耶 あ, そうか. やっぱり私は間違えていましたね. 指数の最大公約数が 2 以上なら, べき乗数になります. 最大公約数が n なら, n 乗数ですね.

Zeta よくできたね.

佑 さすがは沙耶ちゃん!

＊＊＊＊＊＊＊＊＊＊＊＊＊＊＊＊

Zeta さて, 素因数分解から, 数の新しい見方が生まれるんだ.

佑 どういうことでしょうか?

Zeta 「かけ算的」な見方だよ.

沙耶 「かけ算的」と「たし算的」があることは習いましたが...

Zeta 普通, 人間は, 自然数を「たし算的」に見ているんだ.

佑 どういう意味ですか?

Zeta 出発点の 0 に「1 を足して 1」, そこにまた「1 を足して 2」というふうに, 1 を足す操作を繰り返して自然数をとらえる見方だよ.

沙耶 1 を足す操作を n 回行えば, 一般式はこうなりますね.

$$n = 0 + \underbrace{1 + 1 + \cdots + 1}_{n \, 個}$$

佑 すべての自然数は, 0 から始めて, たし算の繰り返しで得られるわけか.

Zeta だから, 人は 511 と 512 を「近い」とか「惜しい」と感じるんだよ.

沙耶 操作が 1 段階しか違わないですからね.

Zeta ところが, 「かけ算的」な見方は, これとは全く違う. 1 から始めるんだ.

佑 さっきは 0 からでしたが, 今度は 1 からですか?

沙耶 どんな自然数も「1 に掛けていく」という操作で表すんですね.

Zeta ただし,掛ける数は素数とする.ためしに,いくつかやってごらん.

佑 こんな感じですか.

$$1 = 1$$
$$2 = 1 \times 2$$
$$3 = 1 \times 3$$
$$4 = 1 \times 2 \times 2$$
$$5 = 1 \times 5$$
$$6 = 1 \times 2 \times 3$$
$$7 = 1 \times 7$$
$$8 = 1 \times 2 \times 2 \times 2$$
$$9 = 1 \times 3 \times 3$$
$$10 = 1 \times 2 \times 5$$
$$11 = 1 \times 11$$
$$12 = 1 \times 2 \times 2 \times 3$$
$$\vdots$$

沙耶 たし算的には,「1 を足す」という操作が最小でしたが,今度は「素数を掛ける」が最小になるんですね.

Zeta そう.「素数を掛ける」という操作を組み合わせて自然数を得るんだ.

佑 そういう考えが,素因数分解から出てくるんですね.

沙耶 ただ,今度は「最小の操作」が何通りもありますよね.

佑 「2 倍」「3 倍」「5 倍」など,「素数倍」は全部そうなんですね.

沙耶 どの素数を掛けるかによって,いろいろな操作が考えられます.

佑 その中でも最小の操作は,やはり「2 倍」でしょうか?

沙耶 ちょっと待って.掛ける素数の大きさは,はたして関係あるのかしら?

佑 「2 倍」の方が「3 倍」「5 倍」よりも小さな操作に感じるけどなー.

Zeta 残念ながら外れだよ．「2 倍より 3 倍の方が大きい」は，数直線から来るイメージだね．たし算的な考えだよ．

沙耶 たしかに，$512 = 2^9$ に「近い」のは，511 や 513 でなく，$256 = 2^8$ であることからも，数直線上の距離は無関係なのですね．

佑 「素数倍」はすべて同等ということか．

沙耶 たとえば，2^9 の素因数は 2 が 9 個あるけど，そのうちの 1 個を別の素数に変えた

$$2^8 \times 3 = 768, \qquad 2^8 \times 5 = 1280, \qquad 2^8 \times 7 = 1792$$

は，3 つとも同等で「2^9 に対する近さが同じ」といえるわね．

佑 なんだか，距離感がつかめなくて，違和感があるな．

沙耶 こんな変わった考え方，何かの役に立つんでしょうか？

Zeta 実はこの考え方は，人間社会で非常に大切なんだ．そこから説明しよう．

第10話

世の中は「かけ算的」？

沙耶 自然数を「かけ算的」に見ると,「素数倍」はすべて同等で,

$$2^8 \times 3 = 768, \qquad 2^8 \times 5 = 1280, \qquad 2^8 \times 7 = 1792$$

　　は, すべて「2^9 に同程度に近い」ということでした.

佑 この考え方は, 大きさの全然違う数どうしを「近い」とみなすので, なかなか慣れません.

Zeta 同程度に近いものが複数あるので違和感があるんだね.

佑 はい. 数が大きさの順に一列に並んでいる方が, わかりやすいです.

Zeta でも良く考えてごらん,「優劣はないが内容の異なるものが複数ある」という状況は, 世の中ではむしろ自然だと思わないかい.

沙耶 いわれてみれば, そういう状況はよくあります. たとえば人間社会もそうです.

佑 一つ一つの要素に個性があるということでしょうか.

Zeta そうなんだ. 人間は個性が豊かで, 一人一人が異なる特徴を持っている.

沙耶 むしろ, それを一つの物差しで測るときに, 数を使いますよね.

佑 数値化によって,「順位付け」や「序列化」が可能になります.

Zeta でもね, それは,「数」が持つ「たし算的」な一面に過ぎないんだよ.

沙耶 「数」には別の面があるということですか?

佑 「かけ算的」な面に, 数の個性があるということでしょうか.

Zeta そういうことだよ.「2 の 100 乗」と「3 の 100 乗」は, どちらも「100乗数」という等しい価値があり, どちらの価値がより高いとはいえない.

沙耶 でも, その2数はそれぞれ別の数で, 異なる性質を持ちますよね.

佑 たとえば,「2^{100} は偶数で, 3^{100} は奇数」とか.

Zeta 人間に例えると，「数学がめちゃくちゃできる人」と「ピアノがめちゃくちゃうまい人」みたいなものかな．

沙耶 素因数の2と3を，数学とピアノに例えたんですね．

Zeta そうだね．そして，「めちゃくちゃうまい」を「100乗」に例えると，

$$(数学)^{100} \qquad と \qquad (ピアノ)^{100}$$

みたいに考えたら，わかりやすいかもしれないね．

佑 なんだか強引な例えですが，「優劣がつかない」という意味はわかります．

沙耶 どちらがより偉いというわけではなく，どちらもその分野で

$$[めちゃくちゃ偉い] = [100乗]$$

という価値があるということですよね．

Zeta 人間に多種多様な才能や人格の個性があるように，数にも多種多様な「素因数という個性」があるんだよ．

佑 そんな数の見方があるなんて，知りませんでした．

沙耶 普通は，テストの点数や，偏差値など，序列をつけるために数を使いますからね．

佑 数値は，人間の個性を殺し，画一的に評価することの象徴ですよね．

沙耶 ただ，「そういう評価法が万能ではない」という意見もありますよね．

Zeta 「かけ算的」とは，数の個性を尊重することなんだ．「大きさ」という画一的な基準で見るのではなくてね．

佑 まさに，今の社会に求められているアイディアともいえますね．

Zeta 「かけ算的」な考えが直接社会に応用できるわけではないとしても，人の気持ちの底にこういう考えがあることは，社会として大切だよね．

沙耶 「みんな違って，みんないい！」という名言の通りですね．

$$* * * * * * * * * * * * * * * *$$

佑 「かけ算的」な見方が精神的な基盤として大切であることはわかりましたが，実用面で役立つこともあるのでしょうか？

Zeta それが大ありなんだ．たとえば新型コロナの感染拡大についても，かけ算的な見方が不可欠だよ．

沙耶　そうなんですか？ それは驚きです.

佑　どういうことですか？

Zeta　2 人とも,「指数関数的」という言葉を, 聞いたことがあるかな.

沙耶　テレビでいっていたので, 聞いたことがあります.

佑　「ものすごい勢いで増える」という印象ですが...

Zeta　感染症は,「1 人が感染してから治癒までの期間に感染させる人数」の値によって, 拡大か収束かが決まる.

沙耶　新型コロナは, 感染から治癒まで約 2 週間といわれていますよね.

佑　「2 週間で何人の人に感染させるか」の値で, 拡大か収束か決まるんですね.

Zeta　その値を, 再生産数という.

沙耶　もし再生産数が 1 以上なら, 1 人が治癒しても新たに別の 1 人以上が感染するから, 感染拡大になりますよね.

佑　再生産数を 1 未満にする必要があるわけか.

沙耶　テレビでいっていましたけど, 新型コロナの基本再生産数は, 2.5 だそうです.

佑　「基本」ってどういう意味ですか？

Zeta　自然状態における再生産数のことだよ. 基本再生産数は, その病気が本来持っている性質なんだ.

沙耶　何も策を施さなかった場合に, 1 人が何人に感染させるかですね.

佑　実際には, 手洗いや活動自粛などの策を講ずるから, 数値は下がるんですね.

Zeta　もし再生産数が 2 なら, 2 週間後に 2 人が感染するわけだ. すると, 最初に 1 人患者が発生した後, 感染者数はどのように増えていくかな？

沙耶　2 週間後に, その 1 人は治り, 別の 2 人が感染するので, 感染者数は 2 人になります.

佑　その 2 週間後には, 2 人は治りますが, 別の 4 人が感染し, 感染者数は 4 人になります.

Zeta　2 週間ごとに 2 倍になっていくわけだね.

沙耶　あれ？「2 倍」とは, かけ算的ですね.

佑　本当だ.

Zeta 2週間が5回繰り返された後の感染者数は，

$$2 \times 2 \times 2 \times 2 \times 2 = 2^5 = 32 \text{ 人}$$

となる．1年後なら，どうなると思う？

沙耶 1年は52週だから，2週間は26回ありますね．

佑 2倍が26回繰り返されるので，

$$2^{26} = 6710 \text{ 万 } 8864 \text{ 人}$$

です．何と，6700万人以上になります！国民の2人に1人が感染とは！

沙耶 たった一人から始まったのに，すごい増え方です．

Zeta さらに2週間後には，国民のほぼ全員が感染することになるね．

佑 式で書くと，

$$2^{27} = 1 \text{ 億 } 3421 \text{ 万 } 7728 \text{ 人}$$

ですね．こうなったら，医療崩壊や経済崩壊どころか国家崩壊ですね．

Zeta これこそ，指数関数の威力だよ．

沙耶 これが，かけ算的であることは，なんとなくわかります．6700万から1億3400万に，2週間で達するわけですから．

佑 「2倍」の関係にある数どうしは，2週間で移りあえるという意味で「近い」といえますね．

Zeta それこそが「かけ算的」な感覚であり，「ABC予想」の理解に必要なセンスだといえる．

沙耶 この感覚が「実社会でも役立つ」とおっしゃっていましたが，どういうことでしょうか？

Zeta 当初，コロナ対策に異を唱える人たちがいたことを覚えているかい？

佑 はい．テレビでコメンテーターが「新型コロナ感染症はインフルエンザよりも死者数が少ないから，気にすることはない」といっていました．

沙耶 交通事故の死者数や，自殺者数と比較して「経済を自粛するほどの必要はない」と言うコメンテーターもいました．

Zeta そういう意見は，「かけ算的」な感覚の欠落から生まれるんだ．数学的
　　　にみると，明らかな誤りだからね．

佑　比較の仕方が間違っているということですか．

Zeta そうだね．交通事故や自殺は，1件また1件と「たし算的」に増える．
　　　だが感染は「かけ算的」に増える．構造が異なる数の比較は無意味さ．

沙耶 たしかに，交通事故や自殺の件数が，いきなり倍になることはあり得ませんからね．

Zeta 事故どうしに因果関係がないので，数値の構造上，増え方が「たし算的」なんだよね．

佑 「たし算的」と「かけ算的」な2つの数を比較することは，無意味なんですか？

Zeta 無意味だね．仮に「新型コロナはインフルエンザより何千人も死者が少ない」といったところで，それが正しいのはその一瞬だけだからね．

沙耶 次の瞬間には，「かけ算的」な感染者数は倍増している可能性があるからですね．

佑 増え方の種類が違うので，1つの時点の数字の比較に意味がないということですね．

Zeta もし比べるなら，「何千人も多い」ではなく「2^{26} 倍も多い」などと，「かけ算的」な表現をするべきだね．

沙耶 それなら，再生産数を2とすると，「2週間の26倍」である1年間は数字が逆転しないことになり，意味がありますね．

Zeta コメンテーターに求められているのは，今後の指針となる意見なのに，そのとき見えていることしか言えないのでは失格だよね．

佑 コメンテーターの意見をうのみにせず，自分で考える習慣を身に着けたいと思います．

Zeta 数に対する「かけ算的」な見方ができれば，そういう間違いをしなくて済むんだよ．

第11話

「ABC予想」はフェルマーよりすごい？

Zeta　さて，これでやっと，「ABC予想」の雰囲気を説明できるぞ．

沙耶　え，そうなんですか？

佑　ぜひお願いします．

Zeta　「ABC予想」とは，自然数の「たし算的」と「かけ算的」の2つの見
　　　方に関する命題なんだ．

沙耶　先ほど教えて頂いた2つの見方の関係ですか？

佑　「たし算」と「かけ算」なんて，まるで小学校ですね．

沙耶　だから，さっき先生は，図形に関する三平方の定理に例えて，ABC予
　　　想のことを「基本的な概念」とおっしゃったのですね．

Zeta　実は，ワイルズが証明したフェルマー予想も，「たし算」と「かけ算」
　　　の2つの見方に関する問題といえる．

佑　フェルマー予想がですか？　なぜだろう？

沙耶　フェルマー予想は，「べき乗数という珍しい性質を持つ数どうしの和が，
　　　再びその性質を持つことはない」という意味だったわ．

佑　そうそう．3乗以上の「べき乗数」が「まれであること」を表していた
　　　んだったね．

Zeta　「ABC予想」とは，この現象を，より的確に表現したものなんだ．

沙耶　フェルマー予想は，的確でなかったのですか？

Zeta　一面の真理というのかな．ある現象のうち，一つの特殊な部分しか表
　　　していなかったんだよ．

佑　それだと，的確でないんですか？

Zeta　たとえば，学校の運動会で「今日は晴れて良かった」という言葉は，自
　　　然だよね．

沙耶　はい．普通です．とくに違和感はありません．

Zeta　しかし，実はその学校が熱帯地域にあり，雨季と乾季がある気候で，そのとき乾季で何か月も晴天が続いていたら，どうだろう．

　佑　「晴れて良かった」は正しいですが，ニュアンスが変わりますね．

沙耶 もはやそれは「幸運」でなく「当然」です．わざわざ言う必要もない
くらいです．

Zeta 逆に，その日が雨季の真っ只中で，何日も雨が降り続いていて，その 1
日だけ晴れたらどうだろう？

佑 それは，あり得ないくらい幸運ですよね．

沙耶 非常に嬉しいでしょうね．

Zeta つまり，「晴れて良かった」は事実として正しいけれど，その一点だけ
とらえても，価値やニュアンスは伝わらない．

佑 乾季なら「当たり前」ですし，雨季なら「超ラッキー」となりますね．

沙耶 フェルマー予想は，どっちなんですか？

Zeta それを示す命題が「ABC 予想」なんだよ．ABC 予想を踏まえると，
フェルマー予想はむしろ「当たり前」となる．

佑 「晴れた」と喜んだのに，実は乾季だったようなものですね．

沙耶 「フェルマー予想」は背景のない単なる事実を表していたということ
ですか．

Zeta そうだね．その背景まで述べた命題が「ABC 予想」だといえるね．

佑 「今日は晴れた」という事実だけでなく，その場所や季節などの背景も
示した命題ですね．

沙耶 正しい命題の中にも，数学的なランク付けがある感じですね．

Zeta たしかに，命題ごとに数学的な価値は異なるね．

沙耶 正しく証明された定理であっても，すべて同じ価値とは限らないので
すね．

Zeta ある定理が証明されたら，他の定理が「当たり前」に思えてしまうこ
ともあるからね．

佑 そうなると，「当たり前」の方が価値が低いことになるのでしょうか．

Zeta 例を挙げて説明しよう．

沙耶 はい．お願いします．

Zeta 2 人とも，テニスは好きかい？

佑 遊び程度ですが，一応やります．

沙耶　私は見るだけですが，父が趣味でやっているので，よく応援に行きます．

Zeta　では，町内テニス大会に沙耶ちゃんのお父さんが出場し，佑くんと2人で試合を見に行ったとしよう．

佑　お父さん，強いんだっけ？

沙耶 あんまり強くないけど，楽しんでやっているわ．

Zeta 突飛な話だけど，世界ランキング 1 位の有名プロテニス選手が，お忍びで町内に遊びに来ていて，こっそりその大会に出場したとする．

佑 そんなことがあったらすごいですね．それでまさか，お父さんと当たったりして...

Zeta そう．会場に着いて試合相手を見てびっくり！なんと，お父さんの対戦相手がその選手だった！

沙耶 勝てるはずないですよね．

佑 というか，勝負にならないよね．

Zeta 大差で敗退し，帰宅してお母さんに試合結果を説明するとき，沙耶ちゃんなら何て言う？

沙耶 負けた報告より，お父さんが有名テニス選手と対戦したことを興奮して話すと思います．

佑 テニスの技術がすごいでしょうからね．実際に至近距離で見たら，きっと感動ものですよ．

Zeta そうなんだ．その感じが，まさにフェルマー予想と ABC 予想だよ．

沙耶 え？どういうことですか？

Zeta 「お父さんが負けた」という事実は正しい．これがフェルマー予想が正しいことに相当する．

佑 でも，本当は試合結果なんて問題じゃない．それよりももっと驚くべき事実があったということですね．

沙耶 何も知らないお母さんは試合結果が気になるでしょうが，私たちには，もっと他にいうべきことがありますよね．

佑 試合結果だけ伝えて，「正しいからそれで満足する」ことはないですよね．

Zeta 「お父さんが負けた」という事実だけでなく，「どう負けたのか」が大事なんだよ．

沙耶 世界ランキング 1 位の選手がどれほど強かったか，圧倒的な素晴らしいプレーの様子を，伝える必要がありますね．

Zeta それが，正しい事実の中にもランクの違いがあるということだよ．

佑 フェルマー予想は「お父さんは負けた」という単独の事実に相当するのですね．

沙耶 そして，ABC予想は「世界ランキング1位の選手が登場した」という
　　　ビッグニュースであり…

佑 それに比べればお父さんの試合結果は小さな事実というわけですね.

沙耶 というより，世界ランキング1位の選手に負けるのは「当たり前」な
　　　ので，もはや試合結果に興味が持てなくなりますね.

佑 「ABC予想」が示されれば，「フェルマー予想」は当たり前になってし
　　　まうのですか？

Zeta 大まかにはその通りだよ.

沙耶 360年も解かれなかった難問が「当たり前」になってしまうなんて，
　　　ABC予想は奥深い問題なんですね.

Zeta 厳密に言うと，ABC予想にはいくつかのバージョンがあって，フェル
　　　マー予想との関係はそれによって変わる.

佑 僕たちが夏休みの宿題で取り上げる新聞記事の「ABC予想」も，その
　　　一つなんですね.

Zeta バージョンの違いについては，あとでゆっくり説明するよ.

第12話

フェルマーの式を変えてみる

佑 「フェルマー予想は単なる一つの事実に過ぎない」とのことでしたが,どういうことですか?

沙耶 命題の意味は,「2つのべき乗数の和が,再びべき乗数になることはない」ですよね.

佑 それは,べき乗数が「稀にしか存在しない」とか「レア」「珍しい」という事実を反映していました.

沙耶 その背景とは,どういうことですか?

Zeta まず,フェルマーの式では,「べき乗数」を同じ指数に限定しているよね.

佑 たしかに,フェルマーの式

$$x^n + y^n = z^n$$

の3か所の指数はいずれも n で等しいですね.

沙耶 たとえば,$n = 20$ なら,

$$x^{20} + y^{20} = (ある数)^{20}$$

となることはあり得ないわけで,これは「20乗数」がきわめて少ない事実を反映しています.

Zeta でも,珍しいのは「20乗数」だけじゃないよね.たとえば,

$$x^{20} + y^{21} = (ある数)^{22}$$

だって,同じくらい起きにくいと思わないかい.

佑 各項の指数が異なっても,「指数の大きなべき乗」というだけで十分レアなので,やはりこの式の解もなさそうに思います.

沙耶 解はあるんですか?

Zeta それは後で考えよう.というより,そもそもこの式だけを特別扱いすることに,あまり意味がないよね.

佑 そうですね．フェルマーの式を少し変える方法は，他にもたくさんありますからね．

$$x^{71} + y^{825} = (ある数)^{294}$$

の解だって珍しいと思うし．

Zeta 変え方は無数にあるよね．

沙耶 すべての変え方について，一つ一つ解の有無を特定するのは不可能ですね．

Zeta そうなんだよ．何らかの一般的な表現法が必要になる．どうしたらよいと思う？

佑 「解が存在しない」となる方程式の範囲を，フェルマーの式だけでなく，もっと広げていったらどうでしょうか．

沙耶 「こういう形の方程式には解がない」という命題を作るのね．

Zeta なかなかいい方針だね．

佑 ありがとうございます．

Zeta ただ，よく考えると，解の有無だけで分けるのは，大雑把すぎると思わないかい？

沙耶 どうしてですか？

Zeta 解の個数を無視しているからだよ．

佑 解が1個ある方程式と，解が2個ある方程式を，どちらも「解がある仲間」として一緒に扱っているからですか．

Zeta それだけじゃない．解が無数にある方程式も，ひっくるめて「解がある仲間」にしているね．

沙耶 なるほど．そう考えると，たしかに大雑把ですね．

佑 指数の組合せは無数にあるから，中には，たまたま解をもつ方程式もありそうです．

Zeta そうなんだ．それを「解がある」と一律に除外するのではなく，あったとしても「解が少ない」といえれば，より的確な命題となるだろうね．

沙耶 それに，そういう「たまたまの例外」が少ないことを示せれば，もっと的確になりますね．

Zeta 2人とも，なかなか良いセンスだね．2人がいってくれた内容を反映し

たものが,「ABC 予想」なんだ.

佑　まとめると,フェルマー予想を以下の 2 つの点で広げて考えたものが「ABC 予想」なのですね.

- 方程式の形を,$x^n + y^n = z^n$ に限らず,いろいろに変える.

- 解が「存在しない」だけでなく,「例外的に存在しても少数」であり,「そのような例外が少数」であることまで含めて表す.

Zeta　その通りだよ.では,手始めに,指数が異なる場合,べき乗数の和にどんなことが起きているかを見てみよう.次の表をみてごらん.

	2^{20}	2^{21}	2^{22}	2^{23}	2^{24}	2^{25}
3^{20}	$5 \times 29 \times 53$ $\times 50549$	857 $\times 454513$	391614793 （素数）	2089×189473	5×197 $\times 410353$	41×83 $\times 123707$
3^{21}	7×139 $\times 1021 \times 1171$	1164358619 （素数）	13×19 $\times 4722493$	$5^2 \times 7$ $\times 6689429$	61×613 $\times 31531$	29×41235031
3^{22}	$41 \times 97 \times 281$ $\times 3121$	67 $\times 52072859$	5×9109 $\times 76649$	10099×346091	193 $\times 18153169$	11×113 $\times 2832131$
3^{23}	10461401779 （素数）	$5 \times 7^2 \times 463$ $\times 92233$	109 $\times 96005023$	11×951703801	$7 \times 31 \times 37$ $\times 349 \times 3739$	5 $\times 2098781527$
3^{24}	5 $\times 6276421637$	11×73 $\times 39082387$	13 $\times 2414250301$	31389448217 （素数）	5^2 $\times 1255913473$	17×19 $\times 97258867$
3^{25}	19 $\times 4954959337$	443×1783 $\times 119191$	7 $\times 13449624733$	$5 \times 461 \times 3083$ $\times 13249$	727 $\times 129518509$	7 $\times 13453819037$

$2^a + 3^b$ の素因数分解（$20 \leqq a \leqq 25$ かつ $20 \leqq b \leqq 25$）

沙耶　これは,指数が異なる「べき乗数」の和ですか?

Zeta　$2^{20} + 3^{20}$ から $2^{25} + 3^{25}$ までの,2 べきと 3 べきの和を,素因数分解したものだよ.

佑　2 の指数が 20 から 25 まで 6 通り,3 の指数も同じく 6 通りで,全部で $6 \times 6 = 36$ 通りの組合せですね.

沙耶　表の左上から右下への対角線が,2 と 3 の指数が同じ場合で,

$$2^{20} + 3^{20}, \quad 2^{21} + 3^{21}, \quad 2^{22} + 3^{22}, \quad \cdots, \quad 2^{25} + 3^{25}$$

となるので,フェルマー予想が扱っていた場合ですね.

佑　フェルマー予想は，これらが「その指数のべき乗数にならない」という主張だったけど，その指数どころか似た指数にもなっていません．

沙耶　もとの数が 20 乗以上なのに，足し算の結果の指数は，とても小さいです．最大でも 2 ですね．

佑　はい．表の対角線上のグレーで網掛けした

$$2^{24} + 3^{24} = 5^2 \times 1255913473$$

に指数 2 がありますが，それ以外はすべて指数 1 です．

沙耶　たしかに，先生がおっしゃったように，フェルマー予想は「ギリギリ」ではなく「余裕で」成り立っているように思えます．

Zeta　フェルマー予想は，100 メートルを 10 秒で走る一流選手を，「100 メートルを 20 秒以内で走れる」と表現するようなものなんだ．

佑　正しいけれど，もっと的確ないい方がありますよね．

沙耶　フェルマー予想を，より的確に表現したのが「ABC 予想」なんですね．

Zeta　では，対角線以外も含め，表の全体をみてごらん．何か気づくかな．

佑　大まかにいって，対角線上の様子とあまり変わりません．

沙耶　そうですね．べき乗数らしいものはほとんどなく，指数の最大値も，やっぱり 2 です．

佑　指数 2 は網掛けのところで，さっきのと合わせても 3 か所しかありません．それ以外はすべて指数 1 です．

Zeta　この結果についてどう思う？　意外だと思うかい？

沙耶　いいえ．指数が違っても相変わらず「べき乗数」はレアなので，フェルマー予想と同じ「解がない」結果になることは，むしろ自然です．

佑　しかも，解がないどころか，全く惜しくもないですからね．「解がない」は余裕で成り立ちますよ．

Zeta　こうしてみると，フェルマーの式が，指数が同じ

$$x^n + y^n = z^n$$

に限っていたことは，制限が強すぎたと思わないかい？

沙耶　そうですね．その制限をゆるめても，まだ成り立つ事実があるように思います．

Zeta それが,「フェルマー予想は事実のごく一部しか伝えていない」という
　　　　意味なんだよ.

佑　それを表した命題が,「ABC 予想」なのですね. だんだんわかってきま
　　した.

Zeta ここで, この表からもう一つ, わかることを挙げておこう.

沙耶　どんなことですか？

Zeta　素因数の大きさについて，何か気づくかな？

佑　一目みて，「大きな素因数があるな」と思いました．

沙耶　こんなに大きな素数は初めてみましたよ．

Zeta　そうだね．もともと，2 と 3 という小さな素数から作った数なのに，結果として現れる素因数は膨大だよね．

佑　最も小さな素因数だけからなるのは，これですね．

$$2^{20} + 3^{21} = 7 \times 139 \times 1021 \times 1171$$

沙耶　それでも 1171 という 4 ケタの素数は，2 と 3 からみれば大きいです．

佑　もっと小さい素因数だけからなる分解は，表の中にはないですね．

沙耶　たとえば，2 ケタの素数だけで素因数分解できるとか？

Zeta　2 ケタの素数の 6～8 個くらいの積なら，大きさ的にはちょうど良いんだけどね．

佑　でも，実際にはそういう分解はないですね．

沙耶　大きな素数が出てくる傾向が強いといえそうね．

佑　ところで，こんなに大きな素数は初めてみましたが，いったい，素数はどこまで大きいものがあるんですか？

沙耶　学校で習ったわ．素数は無数に存在するのよ．

佑　え，そうなの？

Zeta　それは，「ユークリッドの定理」という有名な事実だよ．

佑　どうしてそんなことがわかるんですか？

Zeta　実はそれも，「たし算的」と「かけ算的」な考え方を使って証明できるんだ．「ABC 予想」とも関連するから，解説してあげよう．

沙耶　ぜひお願いします．

第13話

素数はいくつある？

佑　「素数が無数にある」ということが，どうしてわかるのか不思議です．

Zeta　証明は，紀元前3世紀の昔から知られているよ．

佑　どうやるんですか？

Zeta　そもそも，「無数にある」とは，どういう意味だと思う？

沙耶　「いくらでもたくさんある」ということです．

佑　「どんな個数よりも多い」ということですね．

Zeta　その通り．数学では「無数」や「無限」を，「有限でない」と定義するんだ．

沙耶　たしか，もとの個数よりも1個多い素数の存在を示すんですよね．

Zeta　そう．素数がいくつあっても，さらにもう一つ新しい素数が作れることを示すんだよ．

佑　100個の素数があったら，101個目の素数を作るのですか？

沙耶　そのことが，100個に限らず1万個でも1兆個でも通用するので，無数に存在することの証明になるのですね．

Zeta　では手始めに，2個の素数から3個目の存在を示そう．

佑　素数が3個存在することは，知っていますけど．

沙耶　そういう問題じゃないわよ．しくみを知ることが目的なのよ．

Zeta　では，2人とも，素数を2つずつ選んでごらん．

佑　僕は，単純に小さい方から，2と3にします．

沙耶　私は，あとで選びます．ちょっと工夫したいから．

Zeta　では佑くんからいこう．証明のアイディアは，

　　　　　これまでに得たすべての素数の積に1を加える

　　　というものだ．

佑 選んだ素数 2 と 3 の積に 1 を加えると，こうなりますね．

$$2 \times 3 + 1 = 7$$

Zeta この数 7 は，2 でも，3 でも割り切れない．というのは，この図をじっと見るとわかるだろう．

○ ○ ○   +   ○   =   ○ ○ ○ ○ ○ ○ ○
○ ○ ○

沙耶 右辺で一直線になっている 7 個を，一辺が 2 個とか 3 個の長方形に並べるのは不可能ですね．

佑 たしかに，最初の 6 で，すでに 2 列とか 3 列に並んでいるから，そこに半端な 1 個を加えても新しい列は作れないですね．

沙耶 7 は素数 2, 3 のどちらで割っても 1 余る．つまり，2 でも 3 でも割り切れないということですね．

Zeta 7 は実際には素数なのだけど，7 が素数であることを確かめる前に，今得た事実から，論理的にわかることがある．何だと思う？

沙耶 7 の素因数分解に，2 と 3 が登場しないということです．

Zeta そう．7 が素数であるかどうかは別にして，「7 が 2, 3 以外の新しい素因数をもつこと」が論理的に確定するわけだ．

佑 7 が，2 つの素数 2, 3 以外の新しい素数を含んでいるわけですね．

沙耶 2, 3 以外の 3 つ目の素数の誕生ですね．

Zeta 実際に 7 は素数だから，3 つの素数 2, 3, 7 を得る．

沙耶 先ほどおっしゃったアイディアに従うと，次は

$$2 \times 3 \times 7 + 1$$

を考えるわけですね．

佑 この数から，4 つ目の素数が得られるわけですね．それは 43 になります．

沙耶 では次は，

$$2 \times 3 \times 7 \times 43 + 1$$

を素因数分解すれば，2, 3, 7, 43 に続く 5 つ目の素数が得られます．

Zeta　この手順を永遠に繰り返せば，いくらでも新しい素数を得ることができる．したがって，素数は無数にたくさんある．以上が証明だよ．

沙耶　これは，出発点を 2, 3 でなく他の素数から始めても，それ以外の新たな素数を構成できる手順を示しているんですよね．

佑　沙耶ちゃんの番だよ．まず 2 個の素数を選んでね．

沙耶　では，西暦 2021 年を素因数分解して，43 と 47 を選ぶわ．

$$2021 = 43 \times 47$$

佑　では，「積に 1 を加えた値」は，2022 だね．来年だ．

$$43 \times 47 + 1 = 2022$$

沙耶　これを素因数分解すると，新たな素因数 2, 3, 337 が出てくるわ．

$$2022 = 2 \times 3 \times 337$$

佑　一度に 3 つも新しい素数が出るなんて，豊作だね．

沙耶　3 つの素数のうち，どれを選んだらいいかしら．

Zeta　ここから先は，いろいろな方法があるよ．

佑　全部選んじゃえば？　次は，こんな数になるね．

$$2 \times 3 \times 43 \times 47 \times 337 + 1 = 4086463$$

Zeta　ハハハ．その方法も間違いではないよ．

沙耶　408 万とは，大きな数ですね．

Zeta　素因数分解すると，20 万以上の大きな素因数があるね．

佑　計算が大変だな．

沙耶　3 つ全部選んだからじゃない？

Zeta　証明には新しい素数が 1 つあれば十分だよ．よくあるのは，いちばん小さい素数を選ぶ方法だね．

佑　2, 3, 337 からいちばん小さい 2 を選んで，

$$2 \times 43 \times 47 + 1 = 4043$$

沙耶 これなら手計算で素因数分解できそうね.

$$4043 = 13 \times 311$$

佑 小さい素因数 13 が,4 つ目の素数になるわけですね.

沙耶 以上の操作を繰り返せば,何個でも素数が得られますね.

Zeta この方法は,一般の n 個の素数から $n+1$ 個目の素数が存在すること
を表しているよ.

佑 「素数が無数に存在する」という事実が,理論的に証明されているので
すね.

第14話

双子素数と「ABC予想」

沙耶 素数が無数に存在することの証明で使った「素数の積に1を加える」という アイディアは,「ABC予想」と関係あるのでしょうか.

Zeta 「素数の積に1を加える」は,「たし算」と「かけ算」が混ざった操作 だよね.

佑 そうですね. 素数の積は「かけ算」で, 1を加えるのは「たし算」です.

Zeta 「ABC予想」とは,

「たし算」と「かけ算」が混ざった**数**がどのようになるか

についての予想なんだよ.

沙耶 さっきの実験では,「素数の積に1を加えた数」は, 素数になることも あれば, 合成数になることもありましたね.

佑 合成数って何?

沙耶 素数でない数のことよ.

Zeta 「素数の積に1を加えた数」が素数か合成数か定まらないという現象 こそ,「ABC予想」の問題意識なんだ.

佑 素数と合成数のどちらになるかは, まったく予測がつかないんですか?

沙耶 数の成り立ちから論理的に決めることはできないのでしょうか.

Zeta その通り. 式が具体的にわかっても, そこに「たし算」と「かけ算」が 混ざっていると, 数の性質が全くわからなくなってしまう.

佑 「素数か合成数か」について, 何のヒントもないということですね.

沙耶 素数かどうかを調べるには, その数をいろいろな数で割ってみて, 割 り切れるか確かめる操作を繰り返すしかないのですね.

佑 式がわかっているのに素数かどうかが全くわからないなんて, 不思議な 気もします.

Zeta　そういう単純な謎があるので，整数の世界には，古代から有名な未解決問題がまだまだあるんだよ．

沙耶　たとえば，どんな問題がありますか？

Zeta　「双子素数予想」は有名だね．

佑　「**双子素数**」とは何でしょうか．

Zeta　差が 2 の素数の組のことだよ．双子素数を小さい方から挙げると，こんなふうになる．

$$3 と 5,\quad 5 と 7,\quad 11 と 13,\quad 17 と 19,\cdots$$

沙耶　3 以上の素数はすべて奇数だから，最低でも 2 の差がありますね．最も近い距離にあるものどうしだから「双子」と呼ぶのですね．

佑　では，「双子素数予想」とは，どんな予想ですか？

Zeta　「双子素数が無数に存在する」という予想だよ．

沙耶　普通の素数が無数に存在することは先ほど証明できましたが，双子素数にはそういう証明はないんですか？

Zeta　そういう単純な証明は，全くわかっていないんだ．

佑　さっきの方法を真似て，双子素数を全部かけて 1 を足しても，新しい双子素数が出てくるってことはなさそうですからね．

沙耶　でもどうして，双子素数が無数にあると予想したんですか？

Zeta　それはね，人間の直感から来ているんだよ．

佑　どんな直感ですか？

Zeta　「たし算」と「かけ算」について人間が抱いている，自然な感覚だよ．

沙耶　双子素数が無数にある方が自然なんですか？

Zeta　逆に，「有限個しかないのは不自然」と考える方がわかりやすいかな．

佑　なぜ，有限個しかないと不自然なんですか？

Zeta　有限個ということは，どこかに「最大の双子素数」があって，そこから先には双子素数が一つもないということだよね．

沙耶　もしそうなら，ある程度大きな素数に対して「それに 2 を足した数」は必ず合成数になりますね．

Zeta　「2 を足す」という操作が，「素数か合成数か」という現象に影響を及ぼしていることになる．

佑　それは，不自然なことなんですか？

Zeta　人間には，「たし算とかけ算が，互いに余計な干渉をし合わないだろう」
　　　という感覚がある．

沙耶　「素数である」という性質は，「かけ算的」ですよね．

佑　かけ算だけで定義できるということですか？

Zeta　そうだよ．仮に，たし算を使わなくても，12 個の○を長方形に並べる
　　　ことはできるから，12 が合成数であることはわかる．

沙耶　それに比べて，5 個の○は長方形に並べられず一直線になってしまう
　　　から，5 は素数であることはわかりますね．

Zeta　一方，「差が 2」という性質は，「たし算的」だ．

佑　双子素数は，素数と，それに 2 を足した素数との組のことですからね．

Zeta　だから，双子素数は，かけ算的な概念である「素数」に，たし算的な概
　　　念である「差が 2」という性質を混ぜ合わせたものになる．

沙耶　だから，双子素数に出てくる「素数に 2 を足した数」も，合成数にな
　　　るか素数になるかは決まらないのですね．

Zeta　「双子素数が有限個しかない」とは，その「決まらないはずのこと」を
　　　無理やり「合成数」と決めつけてしまっている感じだね．

佑　だから，不自然なのですね．

Zeta　決まらない以上，ある頻度で素数は出現し続けるだろうと考えられる
　　　からね．

沙耶　双子素数予想が，素数が無数に存在することの証明のアイディアとつ
　　　ながっていたとは，驚きです．

佑　それにしても，たし算とかけ算が「余計な干渉をしない」なんて，考え
　　　たことはありませんでした．

Zeta　もちろん，干渉しないといっても，まったく関係がないわけではない．

沙耶　小学校で最初にかけ算を習ったときは，「たし算の繰り返し」と教わり
　　　ましたね．

佑 2×3 は,「3 個の 2 を足し合わせる」という意味でした.

$$\begin{matrix} \bigcirc & \bigcirc & \bigcirc \\ \bigcirc & \bigcirc & \bigcirc \end{matrix} = \begin{matrix} \bigcirc \\ \bigcirc \end{matrix} + \begin{matrix} \bigcirc \\ \bigcirc \end{matrix} + \begin{matrix} \bigcirc \\ \bigcirc \end{matrix}$$

Zeta そういう意味では,たし算とかけ算の間には,当然成り立つ関係はあるんだ.だけど,それはいわば「自明な関係」だ.

沙耶 「自明な関係」以外,何も関係がないと思われているんですね.

Zeta それが,人間の抱く自然な感覚であり,その一つの表現が「双子素数予想」なんだよ.

佑 もう一つの表現が,「ABC 予想」なのでしょうか.

Zeta そうだね.フェルマー予想と同じく,双子素数予想も「素数に 2 を足す」という,ごく限られた特殊な場合しか扱っていない.

沙耶 その裏には,背景があるわけですね.

Zeta 「たし算」と「かけ算」が余計な干渉をしないという,いわば「独立性」とも呼べる性質があると考えられる.

佑 それを表したものが,「ABC 予想」なのですね.

第15話

「ABC予想」の心

Zeta フェルマー予想のニュアンスを，もう一度復習しておこうか．

沙耶 えっと，3乗以上の「べき乗数」を2つ足し合わせた和が，再び同じ指数のべき乗数になることは無い，という内容でした．

佑 つまり，

$$3^3+4^3 = (ある数)^3, \quad 1^4+12^4 = (ある数)^4, \quad 13^5+18^5 = (ある数)^5$$

などはあり得ない，ということです．

Zeta これらの式のべき乗数は，いずれも，両辺の指数が等しいよね．

沙耶 そうですね．フェルマー予想は「任意の $n \geq 3$ に対し，

$$x^n+y^n = z^n \text{ を満たす自然数の組 } (x, y, z) \text{ は，存在しない」}$$

であり，式中の3つの n は同じ自然数を表しますからね．

Zeta この「指数が等しい」が特殊な制約であることは，前に話したよね．

佑 はい．「指数が等しい」という条件は，少し厳しすぎる感じがしました．

沙耶 指数が異なっても，ほとんど同じ結論が成り立つ感じがしましたね．たとえば，指数の異なる式

$$x^{20} + y^{21} = (ある数)^{22}$$

も，やはり，起き得なさそうでした．

Zeta ここで，もう一歩，話を進めてみようか．この両辺には，「べき乗数」だけが登場しているよね．

佑 そうですね．

Zeta 「べき乗数」という条件もまた，特殊な制約といえないだろうか．

沙耶 もちろん，普通の自然数は「べき乗」でない方が圧倒的多数ですが．

Zeta 数学の命題のランク付けについて，前に話したのを覚えているかい．

佑 はい．より広い範囲で成り立つ命題が，ランクが高かったです．

沙耶 ランクが高い命題が証明されれば，元の命題は「当たり前」になってしまうんですよね．

佑 特殊な条件が付いている命題ほど，ランクが低いことになります．

Zeta そこで，なるべく高いランクを目指し，最も一般的な形である

$$A + B = C$$

から出発し，

　　　A と B が「こんな性質」をもつとき，C はどんな数になるか

を考えたのが，「ABC 予想」なんだよ．

沙耶 フェルマー予想は，A, B, C を「同じ指数のべき乗数」としたときの命題だったわけですね．

佑 さっき，それを「異なる指数のべき乗数」に広げた場合を考察しました．

Zeta そこから，さらに少し条件をゆるめてみようか．

沙耶 どんなふうにですか？

Zeta いろいろな方法があるよ．「べき乗数」を「2 つのべき乗数の積」に変えるとか．

佑 たとえば，こんな数でしょうか．

$$2^{31} \times 27^{29}, \qquad 13^{52} \times 24^{78}, \qquad 11^3 \times 323^5$$

沙耶 「2 つのべき乗数の積」を使って，フェルマー予想に相当する命題を考えるのですか？

佑 どこを x にして，どこを y にしていいか，わかりません．

Zeta 一例を挙げよう．たとえば，こんな式は起こり得ると思うかい？

$$2^{31}x^{71} + 3^{54}y^{825} = (ある数)^{17} \times (ある数)^{24}$$

沙耶 起こり得るかどうかは，そういう数がどれくらい「珍しいか」にかかっているわけですが...

佑 「2 つのべき乗数の積」は，どれくらいレアなんだろう？

沙耶 自然数全体の中では，かなり珍しい方だと思うわ．

佑 そうかな．どうして？

沙耶 素因数分解を考えてみればわかるわ．「べき乗数の積」

$$(ある数)^{17} \times (ある数)^{24}$$

は，素因数分解の指数が「17 の倍数」か「24 の倍数」に限るからよ．

Zeta 2 か所の「ある数」が共通の約数をもたない限り，それは正しいね．

佑 たとえば，「17 の倍数」として 51 をとり，「24 の倍数」として 48 をとり，素因数 2 と 3 の指数におくと，上の形になりますね．

$$2^{51} \times 3^{48} = (2^3)^{17} \times (3^2)^{24} = 8^{17} \times 9^{24}$$

沙耶 でも，「17 の倍数」でも「24 の倍数」でもない指数が一つでもあった場合は，この形に書けないわよね．たとえば，55 や 49 ならこうなるわ．

$$2^{55} = 2^{3 \times 17 + 4} = (2^3)^{17} \times 2^4 = 8^{17} \times 2^4 \quad \longrightarrow \quad 「\times 2^4」が余計$$

$$3^{49} = 3^{2 \times 24 + 1} = (3^2)^{24} \times 3 = 9^{24} \times 3 \quad \longrightarrow \quad 「\times 3」が余計$$

佑 本当だ．$(ある数)^{17} \times (ある数)^{24}$ の形になるのは，素因数分解のすべての指数が 17 か 24 の倍数のときだけなんだね．たしかにレアかもね．

Zeta では，実際に「2 つのべき乗数の積」を「たし算」すると，どんなふうになるか調べてみよう．この表をみてごらん．

	$a = 10$	$a = 11$	$a = 12$	$a = 13$	$a = 14$	$a = 15$
$b = 10$	421 × 2056781581	139 × 1753 × 4740731	113 × 34913 × 439441	17 × 43 × 67 × 89 × 663161	13 × 33577 × 11923741	11 × 617 × 641 × 2260171
$b = 11$	199 × 313 × 32417773	193 × 1163 × 10284553	1783 × 19417 × 83389	11 × 293 × 7187 × 174583	31 × 541 × 379108321	107 × 102673833001
$b = 12$	13 × 4493 × 93805889	11 × 524396620507	17 × 61 × 181 × 33814457	19 × 2377 × 10169 × 16339	1193 × 22961 × 358417	41 × 11177 × 31523801
$b = 13$	43 × 223 × 1653854959	29 × 577 × 965043319	103 × 162393972493	962051 × 18589033	13 × 37 × 373 × 112576207	24825709506107 （素数）
$b = 14$	41 × 233 × 4919704417	17 × 73 × 38104102297	1061609 × 45087881	107 × 107441 × 4264259	137 × 65657 × 5707249	55964830599857 （素数）
$b = 15$	13 × 67 × 2311 × 11071	140704554231827 （素数）	151 × 1423 × 657518923	142440082161683 （素数）	144754119401491 （素数）	11 × 97 × 43801 × 3196321

$2^a \times 7^{10} + 3^b \times 5^{10}$ の素因数分解 （$10 \leqq a \leqq 15$ かつ $10 \leqq b \leqq 15$）

Zeta これは，A の素因数が 2 と 7 のみ，B の素因数が 3 と 5 のみのときの $A+B=C$ の素因数分解を，いろいろな指数について記したものだよ．

沙耶 7 と 5 の指数を 10 乗に固定し，2 と 3 の指数を 10 乗から 15 乗までわたらせていますね．

Zeta これをみて，何か気づくかな？

佑 べき乗数が一つもありません．すべての素因数が 1 乗です．

沙耶 17 乗や 24 乗どころではないですね．2 乗すらないですから．

Zeta いい着眼だね．他に気づくことはあるかい？

佑 大きな素数がありますね．

沙耶 はい．全体的な傾向が，前の表で見た「べき乗数の和」に似ています．

佑 小さな素因数の積で書けるものはなく，必ず大きな素因数が出てきます．最小でも 1 万以上ですね．

沙耶 もとの式が 2, 3, 5, 7 という小さな素数だけからなるのに，結果は全く異なりますね．

Zeta まさにそれが，「ABC 予想の心」なんだよ．

佑 小さな素数から作った数の和が，大きな素因数をもつということですか？

Zeta 「大きな素因数」も正しいね．または「ばらばらの素因数」といってもいい．

沙耶 どうしてですか？

Zeta 逆に「小さな素因数」のみからなる数は，「べき乗数」を含む可能性が高いからだよ．

佑 素数が限られていると，重複する確率が高いということでしょうか．

Zeta たとえば，表に出てきた 15 ケタの自然数が，もし 2 ケタの素因数しか持たなかったら，どうなるか想像してごらん．

沙耶 2 ケタの素数は，21 個ありますね．

$$11,\ 13,\ 17,\ 19,\ 23,\ 29,\ 31,\ 37,\ 41,\ 43,$$

$$47,\ 53,\ 59,\ 61,\ 67,\ 71,\ 73,\ 79,\ 83,\ 89,\ 97$$

Zeta 15 ケタにするには，2 ケタの素数を 10 回くらいかける必要があるよ．

佑 21 個の素数から，素因数を約 10 回選んでかけたものになるわけですね．

沙耶 無作為に選んだら，どれかを重複して選ぶ可能性が高そうですね．

Zeta 実際，10 回選んだ場合に重複する確率を，計算してごらん．

佑 21 個から素因数を 10 回選ぶときの選び方の総数は，21^{10} です．

沙耶 そのうち，重複が起きない選び方は，

$$21 \times 20 \times \cdots 13 \times 12$$

通りですから，重複が起きない確率は，

$$\frac{21 \times 20 \times \cdots 13 \times 12}{21^{10}} \times 100 = 7.67 \,(\%)$$

です．とても小さな確率ですね．

佑 残りの 93 ％は「素因数を重複して持つ」，つまり「べき乗数を含む」わけですね．

Zeta 数が 15 ケタよりも大きくなれば，この確率はもっと小さくなるよ．

沙耶 「大きな数」が「小さな素因数」しか持たない場合，素因数が重複する可能性が高いことが，わかりました．

Zeta だから「小さな素因数しか持たない」は，「べき乗数を含む」に近い概念だといえるんだ．

佑 狭いところにひしめき合えば，ぶつかりやすいということですね．

Zeta 逆に,「小さな素因数だけじゃ表せない」「大きな素因数がある」とい
う現象は,「べき乗数」の対極の概念と考えられる.

沙耶 素因数が「何の制約もなく,ばらばらに現れる」ということですか.

Zeta 結局,「ABC予想」とは,「小さな素因数のみからなる数」を2つ「た
し算」した答は,もはやその性質を持たないことを主張しているんだ.

佑 「かけ算的」にレアな価値のある A, B を「たし算」したら，その価値は一気に失われてしまうということでしょうか．

Zeta まさにそうなんだ．それが「ABC 予想の心」だよ．

沙耶 それを数式で表したのが，例の新聞記事の不等式なのですね．

佑 この式か〜．まだ全然わからないや．

$$c < K \cdot \{\mathrm{rad}(abc)\}^{1+\varepsilon}.$$

Zeta 一つ一つ説明していこう．

「abc」と「ABC」

Zeta 「フェルマー予想」を数学的に，よりランクの高い命題にしたものが「ABC予想」だということは，わかったかな．

沙耶 はい．フェルマー予想の式 $x^n + y^n = z^n$ は，より一般的な式

$$A + B = C$$

の A, B, C を「べき乗数」に限定した特殊な場合だったのですね．

佑 これで，「ABC予想」の名前の由来もわかりましたね．A, B, C は，一般の自然数のことだったんですね．

沙耶 ただ，この新聞記事には，小文字を使って

$$a + b = c$$

とあります．どう違うんですか？

Zeta 違いはないよ．「ABC予想」と「abc予想」は，同じ意味で使うんだ．

佑 ウィキペディアでは，「ABC予想」となっていますね．

Zeta 日本では，「ABC予想」の方が多いかな．日本人には大文字の方がわかりやすいんだろうね．

沙耶 たしかに，英語版のウィキペディアでは「abc conjecture」ですね．

佑 この新聞記事の見出しは「ABC予想」なのに，記事中の数式は $a + b = c$ です．大文字と小文字が混ざっていますけど，どういうことですか？

Zeta 記事が紹介している論文は英文で，数式 $a + b = c$ を使っているから
だよ．いずれにしても同じことなので，あまり気にする必要はないよ．

沙耶 そうすると，記事を大文字で書き換えると，「ABC 予想」はこうなり
ますね．

┌─ ABC 予想 ──────────────────────────

1 以外に同じ約数を持たない正の整数 A, B で $A + B = C$ の時，

$$C < K \cdot \{\mathrm{rad}(ABC)\}^{1+\varepsilon}$$

が成立する．ただし，$\varepsilon > 0$, $K \geqq 1$（K は ε によって決まる定数）

└──────────────────────────────────

沙耶 前提の条件に，「1 以外に同じ約数を持たない」とありますね．

佑 ランクの高い命題を目指すなら，なるべく条件を付けない方がよいの
では？

Zeta 実は，この条件を付けても，命題のランクは落ちないんだ．

沙耶 どうしてですか？

Zeta A と B が同じ約数を持つと，何が起きるか考えてごらん．

佑 「A と B が共通の数で割り切れる」と仮定するわけですね．

沙耶 たとえば，両方とも 4 で割り切れるとしてみましょう．

Zeta $A = 4A'$, $B = 4B'$ とおいて考えればいいね．

佑 こんなふうに計算できるから，$A + B$ も 4 で割り切れますね．

$$A + B = 4A' + 4B' = 4(A' + B')$$

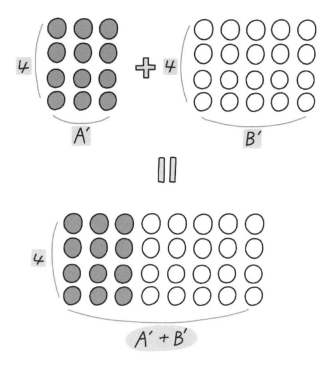

沙耶 つまり，C が 4 で割り切れるから，$C = 4C'$ と書けます．

Zeta そうすると，最初の式はどうなるかな？

佑 両辺を 4 で割ると，こうなります．

$$A + B = C \quad \Longleftrightarrow \quad 4A' + 4B' = 4C' \quad \Longleftrightarrow \quad A' + B' = C'$$

沙耶 $A + B = C$ は，$A' + B' = C'$ と同じことですね．

Zeta 4 に限らず，A, B が同じ約数を持てば，いつでも同じことが成り立つ．

佑 つまり，A, B を共通の約数で割った A', B' について考えればよいということか．

沙耶 だから，最初から「A, B に共通の約数がない」という条件を付けても，命題のランクが落ちないわけですね．

Zeta そもそも，今，答を知りたい問題とは，いろいろな A, B に対する以下のような疑問だよね．

どういうときに，どれくらい，C が「べき乗数」を持つか

佑 なるほど．もともと A, B が同じ「べき乗数」で割り切れれば，C もその「べき乗数」で割り切れることは明らかですね．

沙耶 そうでない場合に興味があるわけですね．

佑 A, B が同じ約数を持たない場合に，C に「べき乗数」が生まれる様子こそが，問題だということがわかりました．

沙耶 「ABC 予想」が扱っているテーマが，だんだん絞られてきた感じがします．

Zeta ちなみに，この「A, B に共通の約数がない」という条件は，「A, B」を「A, C」や「B, C」に変更しても同じだよ．

佑 たとえば，A, C が 4 で割り切れれば，$A + B = C$ は，さっきと同様にこうなりますからね．

$$4A' + B = 4C'$$

沙耶 移項すれば，B も 4 で割り切れることがわかります．

$$B = 4C' - 4A' = 4(C' - A')$$

佑 B, C が 4 で割り切れる場合も同様ですね．

沙耶 もちろん，4 以外の数で考えても同じことです．

佑 結局 A, B, C の 3 つの数は，「どの 2 つも同じ約数を持たない」ということですね．

沙耶 それが，「ABC 予想」の前提条件なのですね．

佑 ところで，新聞記事には，他にもわからない式があります．

$$\mathrm{rad}(ABC) \qquad \varepsilon > 0 \qquad K \geqq 1$$

沙耶 これらはどういう意味ですか？

Zeta そうだね．では，一つ一つ説明していこう．

佑 お願いします．

Zeta まず，rad から説明しよう．

第 17 話

ラディカルという看板

Zeta 2 人とも,「ABC 予想」が自然数のたし算
$$A + B = C$$
に関する問題だということは,わかったね.

佑 はい.A と B が小さな素因数のみからなる場合でも,C は「大きな素因数を持つ」という予想です.

沙耶 C の素因数には何の制約もなく,その結果として「大きな素因数も現れ得る」ということですね.

佑 A と B がもつ,「かけ算的」に「珍しい」とか「レアな価値をもつ」という性質が,C には受け継がれない,といってもいいですね.

沙耶 たとえば,A と B が「べき乗数」や「べき乗数の積」の場合でも,C にはその面影すら全くみられません.

Zeta どうやら,「ABC 予想の心」は理解できたようだね.

佑 ありがとうございます.

沙耶 そこで次は,あの新聞記事の不等式を理解したいです.

Zeta そうだね.今わかった「ABC 予想の心」を,数式で表すには,どうしたらよいと思う?

佑 「かけ算的にレアな価値」を,式で定義する必要があると思います.

沙耶 これまで,「べき乗数」と「2 個のべき乗数の積」を考えましたけど,他の自然数もたくさんありますからね.

佑 「同じ素因数が何個かある」という性質は,一般の自然数にもあるので,その性質がどれくらいあるかわかる方法があるといいと思います.

沙耶 素因数分解に登場する素数に「どれだけ重複があるか」が問題ですね.

Zeta よいところに目を付けたね.そこで,ABC 予想に使う便利な記号を教

えよう．自然数 x に対し，rad(x) という記号を，このように定義する．

$$\text{rad}(x) = (x \text{ のすべての素因数の 1 乗ずつの積)}$$

佑 これがあの新聞記事で使われている記号ですね．rad は何て読むんですか？

Zeta ラディカルだよ．自然数の看板のようなものさ．

沙耶 看板ですか？ どういう意味でしょうか？

Zeta 素因数が自然数の個性を表していることを，前に話したよね．

佑 素数 2 を「数学」，素数 3 を「ピアノ」，100 乗を「めちゃくちゃ優秀であること」に例えましたね．

Zeta ここでは語学に例えて，2 を「英語」，3 を「フランス語」，5 を「ドイツ語」としようか．

沙耶 「英語がめちゃくちゃ優秀」は，2^{100} ですね．

佑 「英語がほどほどに優秀で，フランス語が少しできる」は，こうですね．

$$2^{50} \times 3^{10}$$

Zeta ある語学学校の看板に，開講クラスがこう書かれていた．

英語	フランス語	ドイツ語

沙耶 その学校は，3 か国語の先生が揃っているのですね．

Zeta 別の語学学校の看板には，こう書かれていた

英語	フランス語

佑 こっちは，ドイツ語の先生はいないですね．2 か国語しかないです．

Zeta ところが，実は，こちらの学校は，最初の学校よりも先生の実力が高くて上級のクラスがあるんだ．

沙耶 先生の実力を指数で表すと，学校の特徴を自然数で書けますね．

Zeta やってごらん．

佑 最初の学校は，3 通りの素因数があって指数がほどほどなので，

$$2^{50} \times 3^{50} \times 5^{50}$$

沙耶 次の学校は，2 通りの素因数があって指数がめちゃくちゃ高いから，

$$2^{100} \times 3^{100}$$

Zeta そういうことだね．ラディカルはどうなるかな？

佑　最初の学校は,

$$\mathrm{rad}(2^{50} \times 3^{50} \times 5^{50}) = 2 \times 3 \times 5$$

沙耶　次の学校は

$$\mathrm{rad}(2^{100} \times 3^{100}) = 2 \times 3$$

佑　あ, だから「看板」なのか.

沙耶 看板は，開講クラスの言語を並べただけで，クラスの難易度までは書いていないですからね．

佑 言語を並べた看板は，素因数を並べたラディカルに相当するのですね．

沙耶 なんとなくラディカルにも親しみが湧いてきました．

Zeta ラディカルには，もう一つ便利なイメージの仕方があるよ．

佑 どんなことですか？

Zeta 「積み上げたブロックをつぶす」というイメージだよ．

沙耶 「つぶす」ですか？

Zeta 素因数分解を「その素数のところにブロックが積み上げられた」情景でとらえるんだ．2^{10} なら 10 個積み上げられている感じだよ．

佑 もし，$2^3 \times 5^5 \times 7^2$ なら，2, 5, 7 の三か所にブロックが積み上げられているわけですね．

```
             □
             □
    □        □
    □        □   □
    □        □   □
    2    3   5   7   11  ···
```

沙耶 そっか．これを真上からつぶしたら，2, 5, 7 の三か所につぶれたブロックがある状態になりますね．

```
    ■        ■   ■
    2    3   5   7   11  ···
```

佑 ブロックのある 3 つの素数を掛けたものがラディカルなわけか．

$$\mathrm{rad}(2^3 \times 5^5 \times 7^2) = 2 \times 5 \times 7 = 70$$

沙耶 これで，ラディカルのイメージができました．「看板」または「積み上げたブロックをつぶしたもの」ですね．

Zeta では，ラディカルがどんな数になるか，実際に試してごらん．

佑 x が小さいときは，こうなりますね．

x	1	2	3	4	5	6	7	8	9	10	11	12
べき乗因子に分解				2^2				2^3	3^2			$2^2 \times 3$
$\mathrm{rad}(x)$	1	2	3	2	5	6	7	2	3	10	11	2×3

佑　x が「べき乗数」で割り切れるときは，表の 2 段目に分解の様子を書いておきました.

Zeta　いいね．それ以外の場合は，x と $\mathrm{rad}(x)$ は同じだからね.

沙耶　いったい，ラディカルは何の役に立つんですか？

Zeta　「同じ素因数を何個も含む」という珍しい性質を，その数がどの程度もっているかを知るのに役立つよ.

佑　x がべき乗数なら，$\mathrm{rad}(x)$ は，べき乗する前の数ですね.

$$\mathrm{rad}(1024) = \mathrm{rad}(2^{10}) = 2, \qquad \mathrm{rad}(81) = \mathrm{rad}(3^4) = 3$$

沙耶　べき乗数だと，x と $\mathrm{rad}(x)$ はかなり違う値になりますね.

佑　指数が高ければ高いほど，この違いは大きくなります.

沙耶　逆に，もし x が「各素因数を 1 個ずつしか持たない」なら，x と $\mathrm{rad}(x)$ は等しいですね.

$$x = \mathrm{rad}(x) \quad \Longleftrightarrow \quad x\text{ は各素因数を 1 個ずつしか持たない}$$

佑　たとえば，こういうことですね.

$$\mathrm{rad}(2021) = \mathrm{rad}(43 \times 47) = 43 \times 47 = 2021$$

佑　そうすると，指数が 2 以上の素因数があることは，$\mathrm{rad}(x)$ が x より小さいことと同じ意味だね.

$$x > \mathrm{rad}(x) \quad \Longleftrightarrow \quad x\text{ は平方数で割り切れる}$$

沙耶　うん．たとえば，$x = 36$ のとき，こうなるわね.

$$\mathrm{rad}(36) = \mathrm{rad}(2^2 \times 3^2) = 2 \times 3 = 6 \quad \text{より} \quad x > \mathrm{rad}(x)$$

佑　指数を大きくすると，$\mathrm{rad}(x)$ は変わらないまま，x だけがどんどん大きくなるね．$\mathrm{rad}(x) = 6$ のまま，x を 1 億以上にすることもできるよ.

$$\mathrm{rad}(120932352) = \mathrm{rad}(2^{11} \times 3^{10}) = 2 \times 3 = 6$$

沙耶　1 億 2093 万 2352 は「べき乗数」ではないけれど，11 乗数と 10 乗数の積だから，かなり「かけ算的に珍しい」形よね.

佑　その「珍しさ」が「x と $\mathrm{rad}(x)$ の大きな違い」に現れているんだね.

第18話

看板の中身は？

Zeta 「ABC 予想の心」を，復習してみようか．

沙耶 まず設定は，A, B が「1 以外に同じ約数を持たない自然数」で，C は
その和，つまり，$A + B = C$ です．

佑 このとき，「ABC 予想」の主張とは，こういうことです．

**A, B が「べき乗数」など「かけ算的」に珍しいものであっ
ても，C はそうでない**

沙耶 素因数分解に現れる指数を使って，こんなふうにも言い表せます．

A, B の指数が大きくても，C の指数は小さい

Zeta その通り．さて，このことは，実はラディカルを使うと数式で表せる．
どうすればいいか，わかるかな．

佑 ラディカルは，指数が大きいほど急激に小さくなるので，逆に，「指数が
小さい」とは「ラディカルが大きい」ことに相当しますね．

沙耶 C の大きさのわりに，「rad(C) が比較的大きい」というニュアンスな
ので，こんな感じの不等式で表せそうです．

$$(C \text{ の入った式}) < (\text{rad}(C) \text{ の入った式})$$

Zeta 両辺とも「・・・の入った式」では曖昧すぎるから，左辺を C すなわ
ち $A + B$ に固定し，右辺がどんな式になるかを考えていこう．

佑 こういうことですね．

$$A + B < (\text{rad}(C) \text{ の入った式})$$

Zeta ここで，一つ，問題が生じる．

沙耶 どんな問題ですか？

Zeta たとえば，$A = 2^{100} - 1$，$B = 1$ のとき，どうなるかな？

佑 $B = 1$ なので，この A, B は「1 以外に同じ約数を持たない」という条件を，たしかに満たしますね．「ABC 予想」が扱う対象です．

沙耶 A, B を足すと $C = 2^{100}$ だから，$\mathrm{rad}(C) = 2$ です．

佑 あっ！ C が巨大なのに，$\mathrm{rad}(C)$ がとても小さいですね．これはまずいですね．

Zeta わかったかな．

沙耶 右辺の「$\mathrm{rad}(C)$」が，C に比較して小さい場合もあるということですね．

佑 それだと，上のようなタイプの不等式は，成り立つはずがないですね．

沙耶 これまでは「べき乗数どうしを足す」ことを考えてきましたが，逆に「足して『べき乗数』になる」場合もあるのですね．

Zeta A, B を「べき乗数」などとしてきたのは，「ABC 予想」の著しい特徴を説明するためだったんだ．

佑 予想の正しい形を作るには，他の場合も含んだ一般的な命題を考える必要があるわけですね．

沙耶 上の例で，C が巨大である原因は，A が巨大なことですから，右辺に $\mathrm{rad}(C)$ だけじゃなくて，A に関する式が必要になりますね．

佑 つまり，こういうこと？

$$A + B < (A \text{ と } \mathrm{rad}(C) \text{ の入った式})$$

沙耶 でも，ちょっと待って．$A = 2^{100} - 1$ という数は，もしかしたら「大きな素因数を持ちそう」なのではないかしら？

佑 どうして？

沙耶 なんとなく，さっきの表で見た「べき乗数の和」と似ている気がして．

Zeta さすがは沙耶ちゃん！ 鋭いね．

佑 「べき乗数の和」でなく，「べき乗数の差」なのかな？ $B = 1$ は「べき乗数」とみなせるので．

Zeta その通り．佑くんもいいところに気がついたね．

沙耶 「べき乗数の差」でも，さっきの表と似た傾向が成り立つんですね．

Zeta 実はそうなんだ．和・差のどちらも「たし算的」な概念で，結果は似たものになる．

佑　C が小さな素因数しか持たないときに，A が大きな素因数を持つということか．

沙耶　まるで，$\mathrm{rad}(C)$ の代わりに $\mathrm{rad}(A)$ が大きくなった感じね．

佑　それなら，右辺は A より $\mathrm{rad}(A)$ で表す方がいいね．

$$A + B < (\mathrm{rad}(A) \text{ と } \mathrm{rad}(C) \text{ の入った式})$$

沙耶　そして，A と B は同等なので，$\mathrm{rad}(A)$ があるなら $\mathrm{rad}(B)$ もあるはずね．

佑　ならこうか．

$$A + B < (\mathrm{rad}(A),\ \mathrm{rad}(B),\ \mathrm{rad}(C) \text{ の入った式})$$

Zeta　だんだん近づいてきたね．では，右辺の「入った式」のところが具体的にどんな式になるか考えてみよう．

沙耶　3 つの数が入った式なので，最初に思いつくのは，

$$\text{和 } \mathrm{rad}(A) + \mathrm{rad}(B) + \mathrm{rad}(C) \quad \text{か積 } \mathrm{rad}(A)\mathrm{rad}(B)\mathrm{rad}(C)$$

ですね．

Zeta　「予想」の形に絶対的な正解というものはないんだけど，より良い予想を求めるには，ラディカルの意味を考えるといいよ．

佑　「すべての素因数の積」ですよね．

Zeta　それは「かけ算的」だよね．

沙耶　なるほど．そうすると，ラディカルの「和」にはあまり意味がなさそうですね．

佑　となると，積 $\mathrm{rad}(A)\mathrm{rad}(B)\mathrm{rad}(C)$ の方が正しいのかな？

Zeta　もう一つ，こんな考えもできるよ．

沙耶　何ですか？

Zeta　さっきの例で，$\mathrm{rad}(C)$ が小さかったとき，$\mathrm{rad}(A)$ が大きくなってしまったよね．

佑　そうですね．C が「べき乗数」で，A が「べき乗数の差」でした．

沙耶　$\mathrm{rad}(C)$ と $\mathrm{rad}(B)$ を小さくするために B, C を「べき乗数」にしたら，A は「べき乗数の差」になり，$\mathrm{rad}(A)$ は大きくなってしまいました．

Zeta rad(C) の小ささを，rad(A) が「埋め合わせている」という雰囲気がわかるかな？

佑 そうですね．

沙耶 rad(C) が小さい分だけ，rad(A) が大きくなった感じです．

Zeta この，「埋め合わせる」感覚をより表せるのは，和と積のどちらだと思う？

沙耶 積だと思います．

佑 えっ，どうして？

沙耶 積は，大きい数と小さい数が「掛かっている」ことで互いに影響し合っている感じがするからよ．

Zeta その直感は合っているよ．

佑 さすがは沙耶ちゃん！

Zeta 「右辺の形」について，この時点でわかっているのは，和も積も，それ自体でなく「それを用いて表される式」ということだよね．

沙耶 そうですね．和や積の「2 乗」かもしれないし「3 乗」かもしれません．何らかの関数という意味です．

Zeta もし和なら，2 乗，3 乗したとき，最大の項に比べて他の項は無視できてしまう．たとえば 2 乗だと，1000 と 10 では，10 の影響は小さい．

$$(1000 + 10)^2 = 1000^2 + 2 \times 1000 \times 10 + 10^2 = 1002100$$

佑 100 万 2100 ですね．ほぼ 100 万なので，「+10」の効果は小さいです．

沙耶 でも，同じことを積で行うと，全然違いますね．

$$(1000 \times 10)^2 = 1000^2 \times 10^2 = 1000^2 \times 100$$

佑 今度は，「×10」の効果は 100 倍なので，大きいです．

沙耶 なるほど．すると，rad(C) の小ささを rad(A) が埋め合わせているのは，やはり積の方ですね．

佑 rad(C) が小さいことが全体に影響を及ぼしていて，それを補って rad(A) が大きくなるわけですね．

沙耶 A と B は対等だから，正しくは「rad(A) または rad(B) が大きくなる」ね．

Zeta より正確には，「積 rad(A)rad(B) が大きくなる」だね．

沙耶 A, B, C が互いに影響していて，どれかのラディカルが小さいと，その分，他のラディカルが大きいわけですね．

佑 A, B, C のラディカルが「すべて小さい」ということは，あり得ないわけか．不思議だな．

Zeta その不思議さに共感できれば，「ABC 予想」を理解できたも同然だよ．

沙耶 これで，右辺がラディカルの積で表されることがわかったので，目標の不等式はこうなります．

$$A + B < (積 \ \mathrm{rad}(A)\mathrm{rad}(B)\mathrm{rad}(C) \ の入った式)$$

Zeta ここで，簡単な考察をしよう．今得た積の式 $\mathrm{rad}(A)\mathrm{rad}(B)\mathrm{rad}(C)$ は，もっと短く書ける．「ABC 予想」の前提を思い出してごらん．

佑 A, B が「1 以外に同じ約数を持たない」でした．

沙耶 そのとき，C も含めた 3 つの数は，「どの 2 つも同じ約数を持たない」となります．

Zeta では，3 つの数の素因数分解について，何かわかることがあるかな？

佑 同じ約数を持たないので，同じ素因数はありません．

沙耶 そうか，A, B, C の素因数が全部違うので，

$\mathrm{rad}(A)\mathrm{rad}(B)\mathrm{rad}(C)$

$= (Aの素因数の1乗の積) \times (Bの素因数の1乗の積) \times (Cの素因数の1乗の積)$

$= (A と B と C のすべての素因数の 1 乗の積)$

$= (積 \ ABC \ の素因数の 1 乗の積)$

$= \mathrm{rad}(ABC)$

佑 おぉ，「ラディカルの積」は「積のラディカル」に等しいんだね．

沙耶 では，問題の不等式は，こうなりますね．

$$A + B < (\mathrm{rad}(ABC) \ の入った式)$$

佑 $A + B = C$ なので，こう書くこともできますね．

$$C < (\mathrm{rad}(ABC) \ の入った式)$$

Zeta これで，「ABC 予想」の形にまた一歩近づいたね．

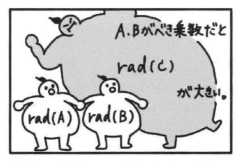

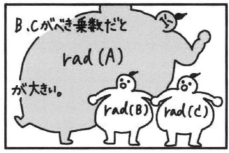

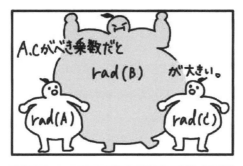

第19話

ABC仮予想

佑 だんだん目標に近づいてきました. これが記事の「ABC予想」です.

┌─ ABC予想 ─────────────────────────────

1以外に同じ約数を持たない正の整数 A, B で $A + B = C$ の時,

$$C < K \cdot \{\mathrm{rad}(ABC)\}^{1+\varepsilon}$$

が成立する. ただし, $\varepsilon > 0$, $K \geqq 1$ (K は ε によって決まる定数)

└───────────────────────────────────────

沙耶 あとは, $\varepsilon > 0$ と $K \geqq 1$ のことがわかればいいですね.

Zeta 記事の「ABC予想」の下に, 「簡単な例」が書いてあるよね.

佑 $\varepsilon = 1$, $K = 1$ と書いてあります.

Zeta まず, これから説明しよう. ちなみに, ε は「イプシロン」と読む. 数学では ε を, 正の数を表す記号として用いる習慣があるよ.

沙耶 $\varepsilon = 1$ と $K = 1$ を当てはめると, 予想はこうなりますね.

┌───────────────────────────────────────

1以外に同じ約数を持たない正の整数 A, B で $A + B = C$ の時,

$$C < \{\mathrm{rad}(ABC)\}^2$$

が成立する.

└───────────────────────────────────────

Zeta そうだね. 今これを, 「ABC仮予想」と呼ぼう.

佑 変な名前ですね.

Zeta 「仮予想」の名称は「$\varepsilon = 1$ の場合に, 仮に $K = 1$ としてみた」という意味だよ. まさに仮の名称だね.

沙耶 それは，「ABC 予想」の一部分のようにも思えますが？

Zeta そうとも言い切れない．「ABC 予想」は，K の値については何も予想していないからね．

佑 「ABC 仮予想」は，「$\varepsilon = 1$ のときに $K = 1$」と予想したのですね．

Zeta その意味では，「ABC 仮予想」は「ABC 予想」より強い主張といえる．

沙耶 その反面，「ABC 仮予想」は $\varepsilon \neq 1$ のことは何も予想していませんよね．

Zeta そう．「ABC 予想」の方が，より多くの ε を対象にしている点で，「ABC 仮予想」より強い主張であるといえる．

佑 いったい，どっちがより強い主張なのか，わかりませんね（笑）．

沙耶 前に，数学の命題にはランクがあるというお話を伺ったことを思い出しました．

佑 「ABC 予想」と「ABC 仮予想」では，どちらがランクが上でしょうか？

Zeta いい質問だね．実は，この 2 つの予想には一長一短があって，ランクはそれぞれが「別の意味で高い」といえるんだ．

沙耶 だから，「ABC 仮予想」は，「強い」「弱い」の両方とも正しいのですね．

佑 「ABC 予想」と「ABC 仮予想」を見比べて，すぐわかる違いは，ε の有無ですね．

沙耶 「ABC 予想」の $\varepsilon > 0$ は，「すべての正の数 ε」という意味ですよね．

佑 そうすると，$\varepsilon = 1$ とは限らないのですね．

沙耶 それなのに，$\varepsilon = 1$ と決めてしまったのが，「ABC 仮予想」です．

佑 そうすると，特殊な場合に限ってしまっているので，命題のランクは落ちますね．

沙耶 その意味では，「ABC 仮予想」は，「ABC 予想」を弱めたものになりますね．

佑 「ABC 仮予想」の方がランクが下になります．

Zeta その通り．しかしその一方，「ABC 予想」は「K は ε によって決まる定数」としていて，K の値を決めていない．

沙耶 「いずれかの K が存在するだろう」という予想なのですね．

Zeta そう．K の値について，「ABC 予想」では全く触れていない．

佑 それを具体的に $K = 1$ と決めたことで，より踏み込んだ予想になって

いるのですね.

沙耶　その意味では,「仮予想」の方がランクが上ですね.

Zeta　簡単にいうと, 仮予想は「限られた場合の, より詳しい予想」だよ.

佑　だから, 単純に「どちらの方が強い主張である」とは言えないのですね.

Zeta　より実感をつかんでもらうために, 一つ, たとえ話をしよう.

沙耶　お願いします.

Zeta　沙耶ちゃんがお母さんに,「テストで 80 点をとったら, おこずかいを 1000 円あげる」と言われたとする.

佑　あ, いいなー.

Zeta　でも, 佑くんも大丈夫. お母さんに,「少しでも頑張ったら, 勉強量に応じておこずかいをあげる」と言われたとしよう.

沙耶　よかったわね.

Zeta　さて, ここで問題です. 沙耶ちゃんと佑くん, どっちの家のルールが得でしょう?

佑　沙耶ちゃんは, 80 点をとれば確実に 1000 円がもらえるけど, 僕は 10 円や 100 円かもしれないから, 沙耶ちゃんが羨ましい気がするな.

沙耶　あら. でも, 私は 80 点取れなければゼロだけど, 佑くんは少しでも勉強したらいくらかもらえるから, 私は逆に佑くんが羨ましいわ.

Zeta　その感覚が, まさに「ABC 予想」と「ABC 仮予想」のニュアンスだよ.

佑　どういうことですか?

Zeta　ε を勉強量, K をおこずかいとしてごらん.

沙耶　佑くんは, ε が正である限り, 必ず何らかの K が存在するから,「ABC 予想」ね.

佑　沙耶ちゃんは, 80 点を取れたときだけ, 決まった K がもらえるから,「ABC 仮予想」か.

Zeta　その通り, 沙耶ちゃんと佑くんのルールに優劣がないのと同様,「ABC 予想」と「ABC 仮予想」も命題として優劣を付けられないんだ.

沙耶　なるほど. よくわかりました.

佑　いずれも素晴らしい予想, すなわち, 素晴らしいルールですね (笑).

Zeta　ハハハ.「ABC 仮予想」は「ABC 予想」と同様に未解決なんだ.

沙耶　もし「ABC 仮予想」が証明できれば, すごいんですね.

Zeta そうだね．人によっては，予想と仮予想を区別せずに総称して「ABC 予想」と呼ぶことも多いよ．

佑 「ABC 仮予想」が解けたら，「ABC 予想」と同様に世界的な大ニュースになりますね．

Zeta 仮予想は，ε や K がなくてわかりやすいから，まずこれを説明しよう．

沙耶 わかりました．

佑 お願いします．

Zeta 「ABC 仮予想」で目立つのは，右辺の指数が 2 であることだよね．

沙耶 そうですね．さっきの考察で，不等式が

$$C < (\mathrm{rad}(ABC) \text{ の入った式})$$

の形だとわかりましたが，それが「2 乗の式」とは想像しませんでした．

佑 どうして，2 乗なんですか？

Zeta 簡単な理由だよ．「1 乗で成り立たないから，2 乗にしてみた」だけさ．

沙耶 では，1 乗のときの，この不等式は成り立たないのですか？

$$C < \mathrm{rad}(ABC)$$

Zeta そうなんだ．もちろん，この単純明快な形が成り立てばわかりやすくていいけど，残念ながら反例がある．

佑 どんな例ですか？

Zeta たとえば，$A = 63$, $B = 1$ は反例になるね．

沙耶 足すと，$C = 64$ ですね．

佑 $\mathrm{rad}(ABC)$ は，それぞれのラディカルを計算すればよいから，まず，

$$\mathrm{rad}(A) = \mathrm{rad}(63) = \mathrm{rad}(3^2 \times 7) = 3 \times 7 = 21$$

沙耶 次に，$\mathrm{rad}(B) = 1$ は明らかで，そして $\mathrm{rad}(C)$ は，

$$\mathrm{rad}(C) = \mathrm{rad}(64) = \mathrm{rad}(2^6) = 2$$

佑 そうすると，$\mathrm{rad}(ABC)$ はこうなるね．

$$\mathrm{rad}(ABC) = 21 \times 1 \times 2 = 42$$

沙耶　これは，C よりも小さいわね．つまり，

$$C = 64 > 42 = \mathrm{rad}(ABC)$$

佑　たしかに，「ABC 仮予想」の指数を 1 に変えた不等式は，成り立たないね．

沙耶　でも，ゼータ先生，一つ質問があります．

Zeta　沙耶ちゃん，何だい？

沙耶　今，「1 乗では成り立たない」という結論になったのは，$K = 1$ としたせいかもしれませんよね．

佑　なるほど．仮予想では，勝手に $K = 1$ と決めたからね．別の K にすれば 1 乗でも成り立つかもね．

沙耶　1 乗のときに $K = 2$ としたものを「修正版 ABC 仮予想」とすれば，不等式はこうなります．

$$C < 2\,\mathrm{rad}(ABC)$$

佑　あっ，これだと，さっきの値は反例でなくなってしまうね．$\mathrm{rad}(ABC) = 42$ を 2 倍すれば 84 だから，$C = 64$ より大きいや．

Zeta　さすがは沙耶ちゃん！　とてもいい質問だね．

沙耶　ありがとうございます．

Zeta　沙耶ちゃんが言うように，さっきの反例だけでは「1 乗で成り立たない」ことの理由として不十分だね．

佑　では，どうしたらいいんですか？

Zeta　実は，1 つではなく，無数にたくさんの反例を構成できるんだ．

沙耶　無数の反例をどうやって書くのでしょうか．もしかして，一般式で書けるのですか？

Zeta　その通り．任意の奇素数 p と，2 以上の自然数 n に対し，こう書けるよ．

$$A = 2^{p(p-1)n} - 1, \qquad B = 1, \qquad C = 2^{p(p-1)n}$$

佑　このときの $\mathrm{rad}(ABC)$ はどうなるんですか？

Zeta　かなり小さい値になることが証明できる．実際，こんな不等式が成り立つんだ．

$$\mathrm{rad}(ABC) < \frac{2}{p}C$$

沙耶 これは，かなり小さいですね．とくに，p が大きいときは，係数の $\frac{2}{p}$ は 0 に近くなってしまいます．

Zeta そこがポイントだよ．その事実から，どんなに K を大きくしても，

$$C < K \,\mathrm{rad}(ABC)$$

という「修正版 ABC 仮予想」は成り立たないことが，証明できる．

佑 それは，2 つの不等式を合わせると，こうなるからですね．

$$C < K \,\mathrm{rad}(ABC) < K\,\frac{2}{p}C$$

沙耶 p が大きければ，係数 $K\,\frac{2}{p}$ は 0 に近い数になるから，

$$C < (0 \text{ に近い数}) \times C$$

となり，矛盾するのですね．

Zeta その通り，結局，どんなふうに K を選んでも，右辺を「ラディカルの 1 乗」とした予想は成り立たない．

佑 そういうわけで，2 乗を考えたものが，「ABC 仮予想」なのですね．

第20話

フェルマー予想の新証明？

Zeta 「ABC 仮予想」がわかったので，フェルマー予想との関係をみておこうか.

沙耶 フェルマー予想は，「べき乗数」に限定しているという点で，「ABC 予想」よりもランクの低い命題でしたね.

佑 フェルマー予想と「ABC 仮予想」の関係も，それと同じでしょうか.

沙耶 「ABC 予想」と「ABC 仮予想」は優劣が付けられないので，フェルマー予想との関係は同じでしょうね.

Zeta ただ，「ABC 仮予想」は「ABC 予想」にはないメリットを持つ.

佑 どんなことですか？

Zeta 「ABC 仮予想」からフェルマー予想が簡単に証明できることだよ.

沙耶 フェルマー予想は，「ABC 予想」からは証明できないんですか？

Zeta 少なくとも，簡単にはできないね.

佑 「ABC 仮予想」を使った証明は，僕たちにもわかるくらい，やさしいんですか？

Zeta そうだね. とても簡単だよ. 説明しよう.

沙耶 お願いします.

Zeta 「ABC 仮予想」が成り立つと仮定して，フェルマー予想を背理法で証明する.

佑 「フェルマー予想に反例がある」と仮定するのですね.

沙耶 反例を $a^n + b^n = c^n$ とし，これを「ABC 仮予想」の式に当てはめて，$A = a^n$, $B = b^n$, $C = c^n$ とおけばよいですか.

Zeta そうだね. そうすると，「ABC 仮予想」から何がわかるかな？

佑 こんな不等式が成り立ちます.

$$c^n < \{\mathrm{rad}(a^n b^n c^n)\}^2$$

沙耶 ちょっと待って．ラディカルの中に「n 乗」があるのは，無駄よね．

佑 どうして？

沙耶 ラディカルは素因数を並べた看板だからよ．数を何乗しても，素因数は変わらないもの．

佑 さすがは沙耶ちゃん！ そうすると，「n 乗」がなくても一緒だね．

$$\{\mathrm{rad}(a^n b^n c^n)\}^2 = \{\mathrm{rad}(abc)\}^2$$

沙耶 これで，この式が示せたことになるわね．

$$c^n < \{\mathrm{rad}(abc)\}^2$$

Zeta よく頑張ったね．合っているよ．あとは，「ラディカルは，もとの数以下」という自明な不等式を使うだけだよ．

佑 $\mathrm{rad}(x) \leqq x$ ですね．$\mathrm{rad}(x)$ は素因数を並べただけなので当然です．

沙耶 $x = abc$ を当てはめればよさそうね．

佑 $\mathrm{rad}(abc) \leqq abc$ だから，こうかな？

$$c^n < \{\mathrm{rad}(abc)\}^2 \leqq (abc)^2$$

Zeta a と b は c より小さいから c に置き換えると，不等式を c だけで表せる．

沙耶 こうですね．

$$c^n < (abc)^2 < (c^3)^2 = c^6$$

佑 あ，そうすると，n の条件が出てきますね．$n < 6$ です．

沙耶 フェルマー予想は $n \geqq 3$ だったから，$n = 3, 4, 5$ に限られますね．

Zeta その通り．これでわかったことは，以下の事実だね．

フェルマー予想の反例は，$n = 3, 4, 5$ に限る

佑 あとは，$n = 3, 4, 5$ の場合にフェルマー予想を証明できればいいです．

Zeta それは昔から知られているよ．

沙耶 そうなんですか？

Zeta フェルマー予想は，n が小さいときは，18 世紀のオイラーの時代から研究されていたんだ．

沙耶 n が大きい場合が問題だったのですか？

Zeta 大きさというより，無数の n について証明するのが困難だったね．

佑 一つ一つの n をどこまで証明しても，フェルマー予想は解決できないのですね．

Zeta だから，「$n < 6$」と有限な範囲に絞れたことで，本質的な解決となるんだ．

沙耶 もとの「ABC 予想」からは，これと同じ証明はできないんですか？

Zeta 同じことがどこまでできるか，やってみてごらん．

佑 まず，「ABC 予想」の式に $A = a^n$，$B = b^n$，$C = c^n$ を当てはめて，

$$c^n < K\{\mathrm{rad}(a^n b^n c^n)\}^{1+\varepsilon}$$

沙耶 さっきと同じように，n 乗を外すと，

$$c^n < K\{\mathrm{rad}(a^n b^n c^n)\}^{1+\varepsilon} = K\{\mathrm{rad}(abc)\}^{1+\varepsilon}$$

佑 次に，$\mathrm{rad}(x) \leqq x$ を $x = abc$ として用いると，

$$c^n < K\{\mathrm{rad}(abc)\}^{1+\varepsilon} \leqq K(abc)^{1+\varepsilon}$$

沙耶 そして，a と b を c で置き換えると，

$$c^n < K(abc)^{1+\varepsilon} < K(c^3)^{1+\varepsilon}$$

佑 整理すると，こんな結論になりますね．

$$c^{n-3-3\varepsilon} < K$$

沙耶 もし，$\varepsilon = 1$ なら，こうなりますね．

$$c^{n-6} < K$$

佑 さっきは「ABC 仮予想」を仮定していたから $K = 1$ だったけど，今度は K がわからないですね．

Zeta この不等式を満たす n と c の組合せは，K 次第でたくさんあり得るね．

沙耶 フェルマー予想に反例があっても，矛盾しないのですね．

Zeta 直ちには矛盾しない．

佑 では，「ABC 予想」からフェルマー予想は証明できないのですか？

Zeta この不等式を満たす n と c の組は有限個なので，もしそれをすべて検証できれば，フェルマー予想が証明できる可能性はあるね．

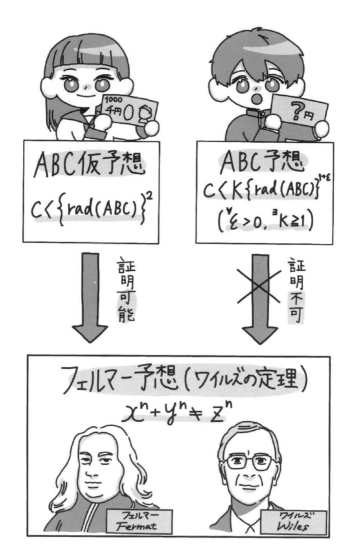

沙耶 有限個とおっしゃいましたが，いったい，何個くらいなんですか？

Zeta そこが問題なんだ．K の範囲が「1 億以下」のように具体的にわかれ

　　　　ばいいけど，もとの「ABC 予想」では，そこが全くわからない．

沙耶　今は $\varepsilon = 1$ としていましたが，他の ε で考えても同じでしょうか．

Zeta　ε を 0 に近づけると，不等式を満たす n と c の組が減っていくと期待
　　　　される．

佑　その分，フェルマー予想の証明に近づけるのですか？

Zeta　あとで説明するけど，ε を 0 に近づけると K が大きくなる．その「大
　　　　きくなり方」を具体的に求めないと，証明はできないね．

沙耶　新聞記事に「K は ε によって決まる」とありますが，どんな関数で決
　　　　まるのか，その形が必要なのですね．

Zeta　それについて，詳しく説明しよう．

第21話

イプシロンの役割

佑 あとは，この新聞記事のうち，ε と K に関してわかればいいですね．

> **ABC 予想**
>
> 1 以外に同じ約数を持たない正の整数 A, B で $A + B = C$ の時，
>
> $$C < K \cdot \{\mathrm{rad}(ABC)\}^{1+\varepsilon}$$
>
> が成立する．ただし，$\varepsilon > 0,\ K \geqq 1$（$K$ は ε によって決まる定数）

沙耶 それがわかれば，「ABC 予想」の意味を理解できますね．

Zeta ε と K のことは，やや高度なので説明が必要になる．頑張ってついてきてほしいな．

佑 はい．頑張ります．

沙耶 よろしくお願いします．

Zeta まず第一に，わかってほしいのは，ε と K はペアで働いてこそ意味をもつということだ．

佑 ε だけでは無意味なんですか？

沙耶 「すべての正の数 ε に対し」という意味ですよね．

Zeta 無意味というより自明になるんだ．たとえば，こんな命題をどう思う？

> 実数 x は，すべての正の数 ε に対し，次式を満たす．
>
> $$x < \varepsilon$$

佑 えっと，x はどんな正の数よりも小さいということだから...

沙耶 これは，$x \leqq 0$ と全く同じ意味でしょうか．

Zeta その通り．最初から $x \leqq 0$ と書けばよいだけのことだ．

佑 わざわざ ε を使う必要がないですね．

沙耶 ε を使うと，無駄に難しくなるだけですよね．

Zeta ところが，ここに K が絡んでくると，状況が少し変わる．

佑 記事には「K は ε によって決まる定数」とありますね．

Zeta 一つ，例を挙げて説明しよう．

沙耶 お願いします．

Zeta 2 人が高校でテストを受けたとする．合格点は 80 点．

佑 頭の痛い例ですね（苦笑）．

Zeta ただし，佑くんのクラスは授業の進度が遅いため，得点調整でハンデを付けることにする．

沙耶 何点か加算するんですか？

Zeta 加算ではなく，ある倍率を掛けることにする．

佑 そういう得点調整は，あまり聞いたことがないですね．

沙耶 習っていない問題の配点を加算する方が普通ですよね．

Zeta たしかに，そういう加算方式は良く行われるね．でもそれだと，全く勉強しなかった者にも一定の得点が加算されてしまう．

佑 本来 0 点の人が，タダで点をもらえるのは，確かに不公平ですね．

沙耶 それに，内容によっては，未習の範囲を明確に切り分けられませんよね．

Zeta 数学的思考力や語学のセンスなどがそうだね．総合的な学力に影響を及ぼすから，授業回数を重ねることによる慣れが重要だ．

佑 たしかに，そういうものに対しては，一定の得点を加算するより，全体の得点を定数倍する方法が理にかなっていますね．

沙耶 たとえば，50 点をとっても得点調整で 1.6 倍してもらえれば，80 点で合格になります．

Zeta そこで，佑くんが ε 点をとり，得点調整で K 倍してもらえるとする．合格の条件はどうなるかな？

佑 僕の得点は，$K\varepsilon$ 点ですね．合格は，この不等式が成り立つ場合です．

$$80 \leqq K\varepsilon$$

沙耶 佑くんが合格するには得点調整を何倍にすればよいか，この不等式か

らわかるわけですね.

Zeta さて, ここで話を発展させよう. このテストが一度でなく, 何回も行われるとする.

佑 ますます頭が痛くなってきます (笑).

Zeta x 回行われ, 合計点で合否を決めるとしよう. $80x$ 点以上が合格だ. ただし得点調整の倍率 K は全回を通して一定とする.

沙耶 合格の条件は, こうなりますか?

$$80x \leqq Kx\varepsilon$$

Zeta 佑くんが毎回 ε 点を取るならそうだけど, 実際の得点は毎回異なるよね.

佑 もちろん, 勉強をして上達すれば, 得点は上がっていきます.

Zeta その意気だ. そこで, 少し頭を柔らかくして, ε を単純な得点でなく, 佑くんの取り組みを表す数値とし, 「努力量」と呼ぼう.

佑 努力量ですか?

沙耶 抽象的ですね.

Zeta 一定の努力量 ε を継続すると, x 回までに合計 x^ε 点を取れるとする.

佑 $x\varepsilon$ の代わりに x^ε とは — .

沙耶 ε の指数関数になるんですか?

Zeta 勉強とは, これまでに習ったことを組み合わせて自分なりの成果を生み出していくことだから, 指数関数は理にかなっていると思うよ.

沙耶 たとえば, 習った x 回の授業内容をそのまま習得するのが「x の 1 乗」, つまり $\varepsilon = 1$ ということですね.

佑 $\varepsilon = 2$ は「たくさん努力する人」で, 習った x どうしを組み合わせて理解を深めるから「x の 2 乗」の成果を得られるということですか.

Zeta 極端にいえばそうだけど, 実際には, $\varepsilon = 2$ は大き過ぎて, 大天才でもない限りあり得ないな.

沙耶 習った量に少し上乗せできればよいので, ε は 1 より少し大きいイメージですか?

Zeta そうだね. $\varepsilon = 1.1$ とか, $\varepsilon = 1.01$ くらいが感覚に合っていそうだね.

佑 「1.1 乗」や「1.01 乗」は, どういう意味でしょうか.

Zeta それについては, 後ほどゆっくり説明するよ.

沙耶 合格の条件はこうなりますね.

$$80x \leqq Kx^{\varepsilon}$$

Zeta ここで，ε と K の数学的な意味を思い出してみよう.

佑 ε は「すべての正の数」ですね.

Zeta 「すべての」でも正しいんだけど，数学では「任意の」という言葉を使うことが多い.

沙耶 「すべての」を「任意の」と言い換える理由は何ですか？

Zeta 「すべて」は，たくさんのものを一度に扱う，複数を表すニュアンスがあるからだよ.

佑 今の ε は一つですからね.

沙耶 その一つを，「すべての中から自由に選んでよい」という意味ですよね.

Zeta それを数学では「任意の」と表現するんだ. 英語の any に相当するよ.

佑 「すべての」は all ですね. たしかに，all の後ろには複数形が来ますから，ε の感覚と違いますね.

Zeta ちなみに，「任意」という言葉は，数学以外の日常生活でも用いるから意味の違いには注意しよう.

沙耶 日常では「自分で自由に決める」という意味で用いますよね.

佑 「出席は任意」とは「出席してもしなくてもよい」という意味ですね.

沙耶 「任意保険」や「任意同行」も，「自分で決めてよい」という意味です.

佑 でも，数学では，自分の都合のよいように決めてはいけないのですね.

Zeta 自分よりもむしろ「他の誰にどのように決められても」という解釈の方が合っているね.

沙耶 では，「任意の ε」を決めるごとに，定数 K が決まることになります.

佑 僕の努力量 ε に応じて，合格に必要な得点の倍率 K が不等式で決まる点は，さっきと同じです. 今度はこの式になります.

$$80x \leqq Kx^{\varepsilon}$$

Zeta ただ，今回，新しく変わった点がある.

沙耶 x が入っていることですか？

Zeta そうなんだ. これが絡むことで，深い意味が出てくる.

佑　どういうことですか？

Zeta　今の時点で合格かどうかだけでなく，努力の仕方が将来にわたり正し いかどうかがわかるんだよ．

沙耶　将来とは，x をどんどん大きくしていくということですか？

佑　テストの回を重ねることですね．

Zeta　実は，不等式 $80x \leqq Kx^{\varepsilon}$ について，以下の事実が成り立つ．

- $\varepsilon < 1$ なら，どんな K を選んでも，x を大きくすると不等式が不成立 になる．

- $\varepsilon \geqq 1$ なら，うまく K を選べば，任意の x に対して不等式が成立する．

佑　これは，どういう意味ですか？

Zeta　努力量 ε が 1 未満だと，どのように得点調整を決めても，いつか必ず 不合格になるということだよ．

沙耶　その代わり，努力量が 1 以上なら，うまく得点調整をすれば，すべて の回で合格できるわけですね．

佑　得点調整なしでも合格できるかどうかが知りたいな．

Zeta　それは $\varepsilon \geqq 1$ の内訳をみればわかる．$K = 1$ だと次のようになる．

- $\varepsilon > 1$ なら，$K = 1$ のとき，ある大きさ以上の任意の x で不等式が成立.

- $\varepsilon = 1$ なら，$K = 1$ のとき，任意の x で不等式が不成立.

佑　これは，どういうことでしょうか？

Zeta　努力量が 1 より大きければ，得点調整をしなくても，いつか必ず合格 に達し，以後，永遠に合格し続けるということだよ．

沙耶　一方，努力量がちょうど 1 ならば，得点調整が必ず必要ということで すね．

佑　努力量の 1 が，境目なのですね．

Zeta　授業の進度がちょうど x の 1 次関数になっているから，$\varepsilon = 1$ とは，授 業にただ出ている最低限の状態に当たると考えればいいよ．

沙耶　それより 0.1 でも，0.01 でも多く努力すれば，いつか必ず自力で合格 レベルに達するのね．頑張ってね．

佑 なんだか，怒られているみたいな雰囲気ですけど，これはあくまでも例えですよね（苦笑）．

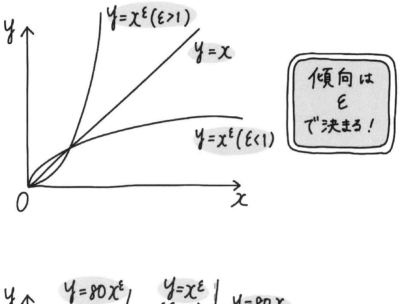

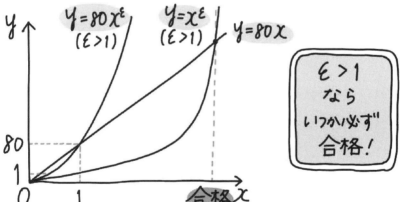

第 22 話

K の役割

佑　試験の点に例えたのは, この記事の ε と K を理解するためでした.

> ┌─ ABC 予想 ─────────────────────
>
> 1 以外に同じ約数を持たない正の整数 A, B で $A + B = C$ の時,
> $$C < K \cdot \{\mathrm{rad}(ABC)\}^{1+\varepsilon}$$
> が成立する. ただし, $\varepsilon > 0, K \geqq 1$ （K は ε によって決まる定数）

沙耶　ε は任意の正の数ですから, 指数の $1+\varepsilon$ は「1 より大きな数」ですね.

佑　さっきの例では努力量 ε が 1 より少しでも大きければ, 得点調整をしなくても,「いつか必ず合格点に達する」ということでした.

Zeta　以後, 記号を変え, 努力量を ε でなく $1+\varepsilon$ で表そう. そうすれば, さっきの例は「ABC 予想」と同じ形になり, 考えやすいからね.

沙耶　授業についていくだけの最低限の努力が「指数 1」だったので, それを上回る分が新しい記号の ε で, わかりやすいです.

佑　そうすると, $\varepsilon > 0$ ならば, 得点調整をしなくても,「いつか必ず合格点に達する」となりますね.

沙耶　得点調整をしないとは, $K = 1$ ということですよね.

Zeta　そう. たとえば, $\varepsilon = 0.01$ なら, 大きな x のとき, 必ず次の不等式が成り立つわけだね.
$$80x \leqq x^{1.01}$$

佑　えっと, この $x^{1.01}$ の意味は...

Zeta　小数部分を分けて, 分数乗に直してべき乗根に書き換えればわかるよ.
$$x^{1.01} = x^{1+0.01} = x \cdot x^{0.01} = x \cdot x^{\frac{1}{100}} = x \cdot \sqrt[100]{x}$$

沙耶　「0.01 乗」は「100 乗根」と同じ意味ですね.

佑　100 乗根って，どれくらいの数なんですか？

沙耶　スマホの電卓アプリで計算すると，こんなふうになります.

$$1^{0.01} = 1$$
$$2^{0.01} = 1.00695\cdots$$
$$3^{0.01} = 1.01104\cdots$$
$$4^{0.01} = 1.01395\cdots$$
$$5^{0.01} = 1.01622\cdots$$
$$\vdots$$
$$10^{0.01} = 1.02329\cdots$$
$$\vdots$$
$$100^{0.01} = 1.04712\cdots$$
$$\vdots$$
$$1000^{0.01} = 1.07151\cdots$$

佑　ものすごく遅い増え方で，1 から微増するだけですね.

Zeta　でも，確実に増大し続ける. x が大きくなるのに伴って $x^{0.01}$ も限りなく大きくなるんだ.

沙耶　だから，いずれは必ずこの不等式が成り立つわけですね.

$$80x \leqq x^{1.01}$$

佑　「いずれは必ず」とは，「x を大きくすれば」という意味ですよね.

Zeta　そうだね. この不等式の解は $x \geqq 80^{100}$ だから，テストの回数が「80 の 100 乗」になれば，佑くんは合格するね.

沙耶　対数を使って調べると，80^{100} は 190 ケタくらいの数になります.

佑　そんなにたくさんテストを受けられるわけないよ. 意味ないなー.

沙耶　そういう問題じゃないわよ. これは「ABC 予想」を理解するための例なんだから.

Zeta　「ABC 予想」で相手にしているのは無数の自然数だからね. 有限の世界に例えると，どうしても無理が出るね.

佑　わかりました．では，80^{100} 回のテストを受けるつもりになります（笑）．

Zeta　ここで，K の役割を説明しよう．

沙耶　いよいよですね．お願いします．

Zeta　得点調整をしなければ，佑くんは最初の 80^{100} 回を，不合格で我慢しなければならないよね．

佑　そうですね．

Zeta　でも，もし適切な得点調整をすれば，その我慢は必要なくなるよね？

沙耶　x が何であれ，K を大きくすれば，この不等式が成り立ちますからね．

$$80x \leqq Kx^{1.01}$$

Zeta　では，すべての回で合格するには，どんな得点調整をすればよいと思う？

佑　不合格の 80^{100} 回のうち，最悪の成績をカバーできる大きな K を選べばよいです．

沙耶　「最悪の成績」とは初回のことだと思います．

佑　どうして？

沙耶　不等式の左辺 $80x$ は x の 1 次式で，右辺は 1.01 次式で，次数が高い方が増え方が大きいからよ．不等式の両辺を x で割ってもわかるわ．

佑　x で割るとこうなるね．

$$80 \leqq Kx^{0.01}$$

沙耶　右辺は $x=1$ のときが最小で，それ以降では大きくなるから．

佑　そうか．$x=1$ のときに成り立てば，当然すべての $x \geqq 2$ で成り立つね．

沙耶　つまり，最もひどい成績の $x=1$ を得点調整で乗り切れば，他の回は自動的に合格ということね．

佑　なるほど．そう考えれば当然の結果だな．初回に合格する条件は，$x=1$ を代入して $80 \leqq K$ か．

沙耶　結局，$K \geqq 80$ より，80 倍以上の得点調整をすれば，すべての回に合格できることがわかりました．

Zeta　$x=1$ のときだけ考えればよい理由は，得点を x^ε と仮定したからだよね．もし，得点を別の式にしたらどうなると思う？こんな不等式だよ．

$$80x \leqq K \times (\text{得点の式})$$

佑 最もひどい成績の回は別の x になるけど，それを得点調整で合格にすれば，他の回もすべて合格できます.

沙耶 不等式の両辺を「得点の式」で割って，不等式を変形して，

$$\frac{80x}{(\text{得点の式})} \leqq K$$

左辺が最小になる x が「最低の成績の回」なので，そのときの K で得点調整すればいいですよね.

Zeta これと同じことは，不合格の回数が 80^{100} に限らず，何回でも成り立つよね.

佑 何回あっても，その中で最低の成績をカバーする K を取ればよいですね.

沙耶 ちょっと待ってください. テストが無数に続く場合は，共通の K が取れるとは限りません.

Zeta さすがは沙耶ちゃん！ 大事なことに気づいたね.

佑 どういう意味でしょうか？

Zeta はてしなく成績が悪くなり続けて，最低の成績が確定しない場合がこれに当たるよ.

沙耶 限りなく 0 に近づく数があると，何倍しても，いずれは 0 に近づくから，合格点を下回ってしまうということよ.

Zeta 以前に説明した「努力量が 1 より小さかった場合」が例になるよ. 覚えているかい.

佑 「努力量が 1 未満だと，どんなに得点調整をしても，いつか必ず不合格になる」とおっしゃいましたね.

沙耶 たとえば，努力量が 0.99 のとき，合格の条件はこんな不等式でした.

$$80x \leqq Kx^{0.99}$$

Zeta どんな K を選んでも，x を大きくしていくと，この不等式はいつか必ず不成立となる.

佑 どうしてですか？

沙耶 今度は，両辺を $x^{0.99}$ で割ればわかるわ.

$$80x^{0.01} \leqq K$$

Zeta ここで, x をどんどん大きくしてみてごらん.

佑 左辺は限りなく増えていきますね.

沙耶 右辺の K をどのように選んでも, 一定の K では, いつか必ず左辺に抜かれてしまいます.

Zeta 以上でわかったことをまとめてみよう.

- 不合格の回が無数にあると, それらを全てカバーして一気に合格させるような得点調整は, 必ずしもできない.

- 不合格の回が有限なら, それらを全てカバーして一気に合格させるような得点調整が, 必ずできる.

佑 なるほど.

沙耶 不等式で表せば, 任意の ε に対して, 以下のようになりますね.

- $80x \leq x^{1+\varepsilon}$ が不成立となる x が無数にあると, 共通の K を見つけて常時 $80x \leq Kx^{1+\varepsilon}$ が成り立つようには, 必ずしもできない.

- $80x \leq x^{1+\varepsilon}$ が不成立となる x が有限個なら, 共通の K を見つけて常時 $80x \leq Kx^{1+\varepsilon}$ が成り立つように, 必ずできる.

Zeta 最後の部分が, 「ABC 予想」の書き方に似ていることに気づいたかい?

佑 ε が任意で, K は ε によって決まるから, 似ている気がします.

沙耶 x を A, B, C のようなものとみれば, 命題の構成はほぼ同じですね.

Zeta 「ABC 予想」で「K は $\varepsilon > 0$ によって決まる」とあるが, これは「不等式が成り立たない場合が有限個しかない」ことを意味するわけだ.

佑 不等式が成り立たない自然数の組 (A, B, C) の個数が有限ということですね.

Zeta C は A, B から自動的に決まるから, 組 (A, B) の個数でも同じだね.

沙耶 無数にある自然数の組の中で有限個ですから, とても小さな割合ですね. そのニュアンスを表すことが, K の役割だったのですね.

Zeta そうなんだ. そこで, 不等式が不成立となる組 (A, B) を「例外」と呼ぶ.

佑 「ABC 予想」の不等式で $K = 1$ とした式が, 有限個の例外を除いていつでも成り立つということですね.

Zeta うん．そういうわけで，「ABC 予想」には別の言い方がある．K を使わない方法だ．

> ── ABC 予想（言い換え）─────────────
>
> 1 以外に同じ約数を持たない正の整数 A, B で $A + B = C$ の時，
>
> $$C < \{\mathrm{rad}(ABC)\}^{1+\varepsilon}$$
>
> が有限個の例外を除いていつでも成立する．ただし，有限個の例外は，$\varepsilon > 0$ を決めるごとに決まる．

沙耶 そうすると，佑くんの努力量が $1 + \varepsilon$ であるとき，得点調整によって全回合格できることを表す命題

> 任意の自然数 x に対して不等式
>
> $$80x \leqq Kx^{1+\varepsilon}$$
>
> が成り立つ（K は $\varepsilon > 0$ によって決まる定数）

も，K を使わない方法で言い換えられますね．

Zeta やってごらん．

佑 えっと，こうでしょうか．

> 有限個の例外を除く任意の自然数 x に対して不等式
>
> $$80x \leqq x^{1+\varepsilon}$$
>
> が成り立つ（例外は $\varepsilon > 0$ によって決まる）

Zeta その通り．よくできたね．

沙耶 つまり，「得点調整をすれば全回合格」と「有限回を除いて全回合格」は同じ意味なのですね．

佑 これで，定数 K の役割が理解できました．

$(1 + \varepsilon)$ 乗の意味

Zeta これまでにわかった ε と K の役割をまとめてみようか.

沙耶 ε は「任意の正の数」で,K は ε によって決まる定数です.

佑 ε は右辺の「次数」に当たり,大まかな振る舞いを表していました.

沙耶 ε に対して「K が決まる」とは,有限個の例外を除いて不等式が成り立つことでした. その不等式は $K = 1$ のときの式です.

Zeta いいね. ではいよいよ,「ABC 予想」の「$(1+\varepsilon)$ 乗」の説明に入ろう.

佑 お願いします.

Zeta 注目すべきは,ε は「任意の正の数」といっているが,これを「任意の小さな正の数」に限っても,命題の意味は変わらないということだ.

佑 大きさの制限がない「任意の」の方が,より一般的な気がしますが.

沙耶 待って. そんなことないわ. ある ε に対して K が決まれば,それ以上の ε に対しても,同じ K で不等式が明らかに成り立つもの.

Zeta そう. ある ε で成り立てば,それより大きな ε では自明に成り立つから,そこは考える必要がないわけだ.

佑 ある努力量で得点調整を得て合格したなら,それより多く努力した場合に,同じ得点調整で合格できるのは当然だよね. なるほど.

沙耶 そう考えるとわかりやすいわね.

佑 結局,大きな ε を除外して小さな ε だけを考えても同じなのですね.

Zeta その通り. 「ABC 予想」の条件 $\varepsilon > 0$ を,たとえば,$0 < \varepsilon < 1$ で置き換えても,命題の意味は変わらない.

沙耶 ε の値は,大きい方を考えても意味がなく,小さい方に意味があるということでしょうか.

Zeta そうだよ. まず,K の役割を思い出そう.

佑　K のおかげで，有限個の例外を考える必要がなくなりました．

Zeta　そうすると，あとは不等式の両辺の「大まかな挙動」すなわち「何次式か」だけが問題となる．

沙耶　各項の係数は K に含まれるから，あとは両辺の次数を比べるだけになるのですね．

Zeta　そこで，「ABC 予想」の不等号の向きに注意してごらん．

佑　右辺の方が大きいです．

沙耶　C，つまり $A + B$ が，「ラディカルの $(1 + \varepsilon)$ 乗より小さい」という不等式ですね．

Zeta　そう．これは「○○より小さい」という不等式なので，「どこまで ε を小さくできるか」が問題となる．

佑　「大きい数」より小さいのは当たり前ですからね．ε が小さければ小さいほど，良い不等式になるわけですね．

沙耶　「どれだけ最低限の努力量で合格できるか」といってもいいわね．

Zeta　ナイスな例えだね．

佑　誤解があるようですが，僕は「最低限しか努力したくない」とはいっていません．

沙耶　まあまあ．そうムキにならずに．わかったわかった．

Zeta　とにかく，どこまで ε を小さくできるかが問題なんだ．

佑　「ABC 仮予想」では，$\varepsilon = 1$ で，「$(1 + \varepsilon)$ 乗」は「2 乗」でしたよね．

沙耶　あのとき，「1 乗」では成り立たないから「2 乗」を考えたのだとおっしゃっていましたが．

Zeta　そう．「2 乗」も未解決問題だけど，実は，「もっと次数を下げられるだろう」という主張が「ABC 予想」の根幹なんだ．

佑　「2 乗」から「1.5 乗」，「1.1 乗」，さらに「1.01 乗」・・・と限りなく 1 乗に近くできるということですね．

Zeta　ただし，1 乗に近くすればするほど，K は大きくなる．

沙耶　努力が少なければ，その分，大きな得点調整が必要ということですね．

Zeta　しかし，得点調整が必ず可能であるという事実が重要だ．すべての回に合格できるような得点調整が，必ず存在する．

佑　それが，どんなに ε が 0 に近くても成り立つことが，「ABC 予想」なの

ですね.

沙耶 ε と K, そして, x すなわち A, B, C という変数それぞれの感じがつかめましたし, $(1+\varepsilon)$ 乗の意味もわかりました.

佑 前に教わったラディカルの意味や, 右辺に rad(ABC) が登場する理由と合わせると, これで「ABC 予想」の全体が理解できたと思います.

第24話

宇宙際タイヒミュラー理論の意義

佑 「ABC予想」の意味がわかったので，これで夏休みの宿題は何とかなりそうだね．

沙耶 新聞記事は，この「ABC予想」を京都大学の望月新一教授が証明したという内容ね．

佑 「宇宙際タイヒミュラー理論という新理論を一人で構築した」とあるけど．

沙耶 「代数と幾何を融合した新理論」とありますね．先生，これはどんな理論ですか？

佑 「宇宙際」というと，宇宙が関係あるのでしょうか？

Zeta いや，これは宇宙空間ではなく，数学でいう抽象的な宇宙のことだよ．

沙耶 数学にも宇宙があるんですか？

Zeta 望月教授は，数学者が考えるときに前提とする数学上の舞台を「宇宙」と呼んでいるんだ．

佑 数学ではその「宇宙」という言葉をよく使うんですか？

Zeta そんなことはない．望月教授の独自の用法だよ．ただ数学者なら日頃から数学の舞台を意識しているから，「宇宙」に違和感はないだろうね．

沙耶 「宇宙際」の「際」は，どういう意味ですか？

Zeta これは，「国際」と同じ使い方で，「宇宙の間で」「宇宙どうしの」という意味だよ．

佑 そうすると，宇宙がたくさんあるわけですか？

Zeta そう．普通の数学は一つの舞台で行うけど，この新理論は複数の舞台を行き来して行うため，このように名付けられた．

沙耶 では，タイヒミュラーとは何ですか？

Zeta 人名だよ．昔の数学者で，「タイヒミュラー空間論」という理論が有

名だ.

佑 それは，どんな理論ですか？

Zeta 幾何学の一理論だよ.

沙耶 幾何学というと，図形ですか？

Zeta そう. ただし，単なる図形じゃない. タイヒミュラー空間論は，一つ上の視点から幾何学を研究する理論だといえるね.

佑 一つ上の視点とは，どういう意味ですか？

Zeta 簡単にいうと，「ある種の図形の全体」をまた一つの図形のように見なすということだよ.

沙耶 「図形の全体」がまた図形になるんですか？

Zeta たとえば，トーラスという図形がある. ドーナツの表面をイメージするといい.

佑 浮き輪でもいいですね.

Zeta このトーラスを，ある規則に従って，少しずつ変形させていくと，いろいろな「ひしゃげたトーラス」ができる.

沙耶 スーパーで買ったドーナツをバッグに入れているうちに，つぶれてしまったような感じですね.

佑 浮き輪に上から乗って変形させた状態でもいいですね.

Zeta 実は，そんな「ひしゃげたトーラス」の全体は，「複素上半平面」という一つの図形になることがわかる.

沙耶 複素上半平面とは，面の一種ですか.

佑 複素数が関係あるのでしょうか.

Zeta 虚部が正であるような複素数の全体がなす半平面だよ.

沙耶 「ひしゃげたトーラス」の全体が半平面になるなんて，想像できません.

Zeta これを称して，「トーラスのタイヒミュラー空間は複素上半平面である」という. これが，タイヒミュラー空間の一例だよ.

佑 図形の集合をまた図形とみなすとは難しそうですが，「宇宙際タイヒミュラー理論」は，これに関係あるのでしょうか.

沙耶 「ABC予想」は整数の問題なのに，幾何学の理論に関係があるなんて不思議ですね.

Zeta 実は，タイヒミュラー空間論を，幾何学から整数論に拡張し，発展さ

せた「p 進タイヒミュラー理論」があるんだ.

佑　では, そちらの理論が, 今回の証明に関係あるのですね.

Zeta　望月教授は「p 進タイヒミュラー理論」の創始者であり, もともとその研究で大きな業績を挙げていた人だよ.

沙耶　なるほど. そこから今回の証明に至ったのですね.

佑　記事には「『フェルマーの最終定理』(1995 年解決) と並ぶ快挙」とありますが, 「ABC 予想」の方がランクが上でしたよね.

Zeta　そうだね. 実はそこに, 新聞記事が触れていない「宇宙際タイヒミュラー理論」の価値があるんだ.

沙耶　そうなんですか? そのことはぜひ発表に取り入れたいので, 教えてください.

Zeta　実は, 1995 年にワイルズが成し遂げたフェルマー予想の証明は, 他の方程式に拡張できないという欠点がある.

佑　そうなんですか?

Zeta　ワイルズの証明の方針を, 簡単に説明しよう.

沙耶　ぜひお願いします.

佑　フェルマー予想の方程式は, こうですよね.

$$x^n + y^n = z^n \qquad (n \geq 3)$$

Zeta　ワイルズの証明は背理法によるので, 3 つの自然数と $n \geq 3$ が次式を満たしたと仮定する.

$$a^n + b^n = c^n$$

沙耶　それで, 矛盾を導くのですね.

Zeta　その方法とは, まず, 次の方程式で定義される図形を考えるんだ.

$$y^2 = x(x - a^n)(x + b^n)$$

佑　学校では習わない方程式です.

Zeta　これは「楕円曲線」という種類の曲線だよ. ちなみに「楕円」とは別物だ.

沙耶　名前が紛らわしいですね.

Zeta 英語では elliptic curve で「楕円的な曲線」だから，「楕円」の ellipse との区別は明確なんだけどね．

佑 訳語のせいですか．日本人ゆえの苦労ですね．

Zeta さて，この楕円曲線が，非常に変わった性質を持っているということを，推察できるかな？

沙耶 本当はあり得ない 3 つの自然数 a, b, c から作った曲線なので，あり得ないような性質を持つということでしょうか．

Zeta そう．そしてワイルズは，それが本当に起き得ないことを示し，証明を完了したんだ．

佑 なるほど．その際に，背理法の仮定を用いたわけですね．この式です．

$$a^n + b^n = c^n$$

沙耶 ワイルズの証明は他の式に拡張できないとのことでしたが，もし，この式を変えたら，証明はどうなりますか？

Zeta そこなんだよ．2 人は，フェルマー予想の心を理解したよね．

佑 はい．「べき乗数」という珍しい数どうしの和が，再びその性質を持つことはないだろうということでした．

Zeta ところが，珍しいのは，その場合に限った話じゃなかったよね．

沙耶 そうですね．「べき乗数」といっても指数がバラバラな場合や，「べき乗数を何倍かした数」なども，やはり珍しいです．

Zeta ワイルズのフェルマー予想の証明を，他の方程式に適用するには，上の楕円曲線の式を変える必要がある．

佑 それは難しいんですか？

Zeta 上の楕円曲線は「フライ曲線」と呼ばれ，「あり得ないような変わった性質」を持つことが，長年にわたり研究されてきた有名な曲線なんだ．

沙耶 他の場合に同じ結果を得ることはできないのでしょうか．

Zeta 難しいだろうね．フライ曲線は，方程式の特殊性に依存しているからね．

佑 そうすると，矛盾を導くことができないのですね．

沙耶 これで，ワイルズの証明が，フェルマーの式を変えたら適用できないことがわかりました．

佑 では，望月教授の「宇宙際タイヒミュラー理論」はどうなのですか？

沙耶 いろいろな場合を一括して扱うランクの高い命題が，「ABC 予想」な
ので，希望が持てますね．

Zeta まさにその通りだよ．宇宙際タイヒミュラー理論を使うと，フェルマー
予想の変形や一般化の研究ができるんだ．

佑 それはすごいですね．

沙耶 どんな定理が証明できるんですか？

Zeta 京都大学のサイト[1]に最新の論文として，次の定理が掲載されている．

> **─ フェルマー予想の一般化 ─**
>
> r, s, t は 1 以外に同じ約数を持たない整数とする．l, m, n が
> 十分大きい整数のとき，次の方程式は自然数の解 (x, y, z) を持た
> ない．
>
> $$rx^l + sy^m = tz^n$$

佑 「十分大きい」とは，あまり正確な表現ではないですね．

沙耶 論文には正確な定義が書いてあるのですか？

Zeta もちろん，論文にはきちんと書いてあるよ．「l, m, n のすべてが，次
の 3 つの数より大きいこと」となっている．

$$2.453 \times 10^{30}, \qquad \log_2 |rst|, \qquad 10 + 5\log_2(\mathrm{rad}(rst))$$

佑 2 つ目と 3 つ目にある $\log_2$ という記号は，「2 を底とする対数」ですね．

沙耶 対数は，元の数よりもずっと小さな値ですよね．

佑 どうして？

沙耶 もし底が 10 なら，$\log_{10} x$ が「x の桁数」にだいたい等しいと，学校で
習ったからよ．

佑 たとえば x が数億なら 9 ケタで $10^8 \leqq x < 10^9$ だから，$\log_{10} x$ は 8 と
9 の間．たしかに 9 に近いね．でも，底が 2 の対数はどうなの？

沙耶 底の変換公式を使えば，$\log_2$ は $\log_{10}$ の約 3 倍とわかるわ．

$$\log_2 x = \frac{\log_{10} x}{\log_{10} 2} = \frac{\log_{10} x}{0.3010\cdots} = 3.32\cdots \times \log_{10} x$$

---

[1]Shinichi MOCHIZUKI, Ivan FESENKO, Yuichiro HOSHI, Arata MINAMIDE, and Wojciech POROWSKI: Explicit Estimates in Inter-universal Teichmüller Theory, RIMS-1933

佑　なら，x が数億でも，$\log_2 x$ は 30 くらいだね．たしかに小さいね．

沙耶　そうすると，論文の 3 つの数のうち，2 つ目と 3 つ目は小さいので，だいたい 1 つ目が最大となるのでしょうか？

Zeta　まあ，私たちが普段，想像し得る数値例では，そうなるだろうね．

佑　それにしても，1 つ目の数は，めちゃくちゃ大きいですね．

沙耶　31 ケタの数ですから，とてつもないですね．

佑　10^{10} が 100 億ですから，10^{30} は「100 億の 100 億倍の 100 億倍」です．

$$10^{30} = 10^{10+10+10} = 10^{10} \times 10^{10} \times 10^{10}$$

Zeta　まあ，馬鹿でかいことは間違いないね．でも，有限であることが重要だ．

沙耶　どんなに大きくても，それより大きな数は無数にあって，そこを一気に証明したことがすごいわけですね．

佑　この方程式は，こんな形ですが，これはフェルマー予想の変形ですね．

$$rx^l + sy^m = tz^n$$

沙耶　まず，指数が l, m, n と 3 通りばらばらです．

佑　そして，係数 r, s, t が付いています．

沙耶　まさに，私たちが検討していた「べき乗数ではないが珍しい場合」をカバーしていますね．

Zeta　そうなんだよ．こういう式も扱えるのが，宇宙際タイヒミュラー理論の特徴なんだ．

佑　フェルマー予想よりランクの高い「ABC 予想」を示した成果なのですね．

Zeta　これは，宇宙際タイヒミュラー理論が，「かけ算とたし算の独立性」に正面から取り組んだことの証だよ．

沙耶　そういう意味では，この成果は自然な流れなのでしょうか．

Zeta　まさに起きるべくして起きた展開といえるだろうね．

佑　宇宙際タイヒミュラー理論が得たものは，「たし算とかけ算」に関する根本的な進展なのですね．

沙耶　人類史上，距離の概念を作った「三平方の定理」に匹敵する，意識の変革ともいえるのでしょうか．

Zeta その通り．宇宙際タイヒミュラー理論は，「何か特定の問題を解くため」
にあるのではない．

佑 世の中のすべての基盤である「数のとらえ方」に関わる理論なのですね．

沙耶 人の意識の根底にある，数に対する基本的な認識が変わるということ
ですね．

Zeta その意味では，結果的に未解決問題に影響を与える可能性はあるだろ
うね．

佑 どんな問題が解けそうなんですか？

Zeta 将来的には，「双子素数予想」や「リーマン予想」が解ける可能性はあ
ると言われているよ．

沙耶 でも，「宇宙際タイヒミュラー理論を用いればこうやって解ける」とい
う具体的な手順があるわけではないのですよね．

佑 それなのに，どうして「解ける可能性がある」と思われるのですか？

Zeta それらの未解決な予想の根底に「たし算とかけ算の独立性」が潜んで
いるからだよ．

沙耶 それは，数学者なら感じていることなのですか？

Zeta 明文化されていないが，どの数学者も抱いている気持ちだと思う．

佑 宇宙際タイヒミュラー理論は，そこに取り組んだ研究なのですね．

Zeta そう．だから，これは数学の発展であるだけでなく，人類の誇るべき
進展であるといえるだろうね．

沙耶 そんな時代に生まれた私たちは，幸せですね．

あとがき

　望月新一教授が解決を宣言された 2012 年以降,「ABC 予想の解説」と称する動画がインターネット上に数多く公開されました. その多くは, 予備校講師など「わかりやすい解説」を得意とされている方々によるものでした.

　「ABC 予想」は不等式を用いた命題ですから, 数を当てはめれば式が成り立つかどうかはわかります. 動画の多くは, いきなり不等式を持ち出し, そこに単に数値を代入して検証するものでした. 残念なことに, 不等式の意味あるいは意義に踏み込んだ解説は, 見つけることができませんでした.

　私は, そうした状況に危機感を覚えました. もしこれが, 誰もが証明したいと感じる魅力的な不等式なら問題ありません. しかし, ABC 予想の不等式は, 専門家でも一見しただけでは真意がわかりづらいものです. 意味のよくわからない不等式を根拠もなく掲げ,「これはすごいのだ」と決めつけることは, 数学の精神に反する行為です. そんなふうに「価値のある難問」を押し付けられても, 誰も心から共感できないのではないでしょうか.

　「何か知らないがすごいらしい」というふうに数学のニュースが流布されることは, 決して良いことではありません. 実態を伴わない「偽物の理解」「わかったふり」が積み重ねられていくことで, 数学は単なる入学試験の道具, 生徒を評価するための手段に貶められ, 社会に余裕がなくなれば真っ先に抹殺される対象になるでしょう. ひいては, 数学研究の予算を削られ, 数学科の定員を減らされ, 数学という学問が衰退していくことにつながりかねません.

　そんな危機感を抱き, 私はこの執筆依頼を受諾しました. 本書では, ABC 予想の不等式のすべての部分について,「なぜその式なのか」にこだわり, 高校生にもわかる素朴な説明を試みました.

　本書は, 一研究者による「ABC 予想に惹かれる理由」の告白です. それは, 必ずしもすべての数学者に共通するものではないかもしれません. しかし, そこにこそ, 数学の本質があると私は考えています. 数に対する思いを一人一人が抱き, その集積が数学という学問を形づくり, 発展させていくのです. 本書を手にとった若い読者が, その営みに参加してくれることを願い, ペンを置きたいと思います.

2021 年 6 月　　著者

―――――――――― 著 者 紹 介 ――――――――――

小山　信也（こやま　しんや）

　1962 年新潟県生まれ。1986 年東京大学理学部数学科卒業。

　1988 年東京工業大学大学院理工学研究科修士課程修了。理学博士。慶應義塾大学，プリンストン大学（米国），ケンブリッジ大学（英国），梨花女子大学（韓国）を経て現在，東洋大学理工学部教授。専攻／整数論，ゼータ関数論，量子カオス。

　著書は『「数学をする」ってどういうこと？』（技術評論社）『数学の力〜高校数学で読みとくリーマン予想』（日経サイエンス）『リーマン教授にインタビューする』（青土社）『素数とゼータ関数』（共立出版）『ゼータへの招待』『リーマン予想のこれまでとこれから』『素数からゼータへ，そしてカオスへ』（以上，日本評論社）など多数。

　訳書は『オイラー博士の素敵な数式』（筑摩書房）など。

日本一わかりやすい ABC 予想

2021 年 6 月 18 日　初版第 1 刷発行

著 者　小　　山　　信　　也
発行者　中　　野　　進　　介
発行所　㈱ビジネス教育出版社

〒102-0074　東京都千代田区九段南 4-7-13
Tel 03（3221）5361／Fax 03（3222）7878
E-mail info@bks.co.jp https://www.bks.co.jp

落丁・乱丁はお取り替えします。　　　　　　印刷・製本／三美印刷株式会社

長原佑愛／挿絵　箱﨑沙也加／構成協力　ブックカバーデザイン／飯田理湖

ISBN978-4-8283-0898-2